高等职业院校基于工作过程项目式系列教材

企业级卓越人才培养解决方案"十三五"规划教材

Adobe Photoshop CC 2018

案例化教程

（第2版）

天津滨海迅腾科技集团有限公司　编著

天津大学出版社
TIANJIN UNIVERSITY PRESS

图书在版编目(CIP)数据

Adobe Photoshop CC 2018案例化教程（第2版）/ 天津滨海迅腾科技集团有限公司编著.—天津：天津大学出版社，2019.9（2023.9重印）

高等职业院校基于工作过程项目式系列教材　企业级卓越人才培养解决方案"十三五"规划教材

ISBN 978-7-5618-6488-3

Ⅰ.①A…　Ⅱ.①天…　Ⅲ.①图象处理软件－高等职业教育－教材　Ⅳ.①TP391.413

中国版本图书馆CIP数据核字(2019)第168763号

Adobe Photoshop CC 2018 ANLIHUA JIAOCHENG

出版发行	天津大学出版社	
地　　址	天津市卫津路92号天津大学内(邮编:300072)	
电　　话	发行部:022-27403647	
网　　址	www.tjupress.com.cn	
印　　刷	廊坊市海涛印刷有限公司	
经　　销	全国各地新华书店	
开　　本	185mm×260mm	
印　　张	20.75	
字　　数	587千	
版　　次	2019年9月第1版　2023年9月第2版	
印　　次	2023年9月第6次	
定　　价	89.00元	

高等职业院校基于工作过程项目式系列教材
企业级卓越人才培养解决方案"十三五"规划教材
指导专家

周凤华　教育部职业技术教育中心研究所
姚　明　工业和信息化部教育与考试中心
陆春阳　全国电子商务职业教育教学指导委员会
李　伟　中国科学院计算技术研究所
许世杰　中国职业技术教育网
窦高其　中国地质大学（北京）
张齐勋　北京大学软件与微电子学院
顾军华　河北工业大学人工智能与数据科学学院
耿　洁　天津市教育科学研究院
周　鹏　天津市工业和信息化研究院
魏建国　天津大学计算与智能学部
潘海生　天津大学教育学院
杨　勇　天津职业技术师范大学
王新强　天津中德应用技术大学
杜树宇　山东铝业职业学院
张　晖　山东药品食品职业学院
郭　潇　曙光信息产业股份有限公司
张建国　人瑞人才科技控股有限公司
邵荣强　天津滨海迅腾科技集团有限公司

基于工作过程项目式教程
《Adobe Photoshop CC 2018 案例化教程》

主　编：刘　佳　范文涵
副主编：苗　鹏　娄志刚　刘文娟
　　　　杜卫东　胡章云　莫殿霞

前　　言

  Adobe 公司出品的 Photoshop 是一款功能强大、应用广泛的图像图形处理软件,常用于广告、艺术、平面设计等的创作,也广泛用于网页设计和三维效果图的后期处理等,近些年互联网快速发展,Photoshop 也成为该领域中诸多岗位必不可少的工具,发挥其强大的作用。

  本书为零基础读者量身定制,深入浅出地对 Adobe Photoshop CC 2018 的各项操作功能进行了详细的讲解,以"企业级项目"为背景,在知识点中穿插大量实际应用的企业级项目实训案例,开展基于工作过程(含系统化)的案例教学模式。项目案例覆盖多种设计载体、多种设计风格,可轻松应对平面设计师面临的各种设计需求。

  本书主要内容如下:第一章,初识 Adobe Photoshop CC 2018,主要介绍 Photoshop CC 的学习目的与操作方法,其中包括运行环境、菜单命令、常用工具等知识;第二章,Photoshop 的基础操作,主要介绍 Photoshop CC 工具的使用方法,学生通过对各种工具的深入学习,可掌握其使用方法与属性调节;第三章,选择技巧与色彩调节,主要介绍色彩的管理与图像色彩的调节,通过各种色彩的编辑工具调节出理想的色彩效果;第四章,图层、通道、蒙版的使用方法,主要介绍将三者相互结合的使用方法,对于提升技术水平与图像编辑效果将会有很大的帮助;第五章,滤镜的使用方法,主要介绍利用滤镜实现图像的各种特殊效果。

  本书主要特点是系统讲解 Photoshop 的技术操作与使用技巧、使用多个企业级项目案例对知识进行串联,使读者在实际项目操作中轻松提升软件操作能力,丰富制作经验。本书知识点明确,内容丰富、深入浅出、通俗易懂,有利于教学和自学,是不可多得的优秀教材。

  本书由刘佳、范文涵任主编,由苗鹏、娄志刚、刘文娟、杜卫东、胡章云、莫殿霞共同担任副主编。刘佳负责统稿,范文涵负责整体内容的规划。具体分工如下:第一章由苗鹏编写,娄志刚负责整体规划;第二章由娄志刚编写,苗鹏、刘文娟负责整体规划;第三章由刘文娟编写,杜卫东、刘佳负责整体规划;第四章由苗鹏编写,胡章云负责整体规划;第五章由莫殿霞编写,杜卫东、胡章云负责整体规划。

  本书的主旨是使读者从入门到熟练操作软件的各种功能,再到熟练运用于各案例中,基于工作过程(含系统化)的"企业级"系列实战项目贯穿全文知识点,使读者在实际项目操作中轻松、快速地学习并熟练运用 Adobe Photoshop CC 2018。

天津滨海迅腾科技集团有限公司

2019 年 8 月

目　录

第一章 初识 Adobe Photoshop CC 2018

知识重点

◇ 认识 Photoshop CC 的工作界面
◇ 了解 Photoshop CC 的主要功能与新增功能
◇ 掌握图像图形处理的相关知识与基本操作

职业素养

培养学生熟练运用设计软件的能力,提高设计审美,提高学生利用设计软件进行广告设计与制作的能力,培育学生形成良好的图形化创新思维能力,增强学生的设计师责任意识与工匠精神,做到"教、学、做、赏、创"五位一体,理论与实践一体化。

引言

本章主要介绍 Photoshop CC 的学习目的与操作方法。其中包括运行环境、菜单命令、常用工具等知识。通过本章的学习,大家可以掌握软件的基本操作方法,为后续的学习建立良好基础。

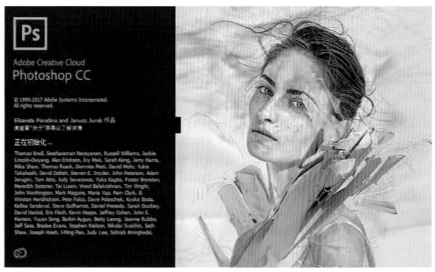

图 1-0-1　Photoshop CC 界面

1　初识 Photoshop

　　现代的新兴媒体丰富多彩,使 Photoshop 有了用武之地,而且范围极其广泛。可以说,各类与图片有关的行业都已经离不开 Photoshop。掌握 Photoshop 图像处理方法,可以极大提高我们的工作质量与效率。

　　Photoshop 是目前图像设计领域使用率最高、行业涉及最广泛、图像处理最主流的软件,它在图像控制、色彩调整以及图像合成等诸多方面具备强大的功能,是当代设计者必备的应用软件。Photoshop 被广泛应用在平面与广告设计、二维绘画、影楼图片处理、海报设计、多媒体界面设计、网页设计等诸多艺术与设计中,如今已经成为平面图像处理领域的权威和标准。

1.1　Adobe Photoshop 的作用

　　Photoshop 为图像处理开辟了一个极富弹性且易于控制的世界。由于 Photoshop 具有颜色校正、修饰、加减色浓度、蒙版、通道、图层、路径以及灯光效果等全套工具,所以用户可以快速合成各种景物,对图片进行各种加工润色、后期处理,创造出具有个人艺术风格的图片。

　　图 1-1-1 至图 1-1-7 是用 Photoshop 创作的不同领域的优秀作品。

图 1-1-1　封面设计

图 1-1-2　摄影作品处理

图 1-1-3　游戏场景创作

图 1-1-4　海报设计

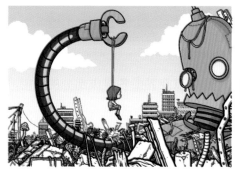

图 1-1-5　场景插画上色

图 1-1-6　漫画设计

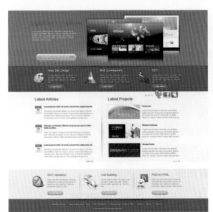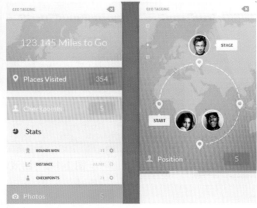

图 1-1-7　网页设计与手机界面设计

1.2　Adobe Photoshop 的基础知识

Adobe 公司成立于 1982 年，总部设在加利福尼亚州圣荷塞市，年营业额超过数十亿美元，是美国最大的个人电脑软件公司之一，为包括网络、印刷、视频、无线和宽带应用在内的泛网络传播（Network Publishing）提供了优秀的解决方案。Adobe 公司商标见图 1-1-8。

图 1-1-8　Adobe 公司商标

通过本节的学习，了解 Photoshop 的界面结构以及界面各组成部分的作用，从而在图像处理中更加得心应手。

1.2.1　Photoshop 的发展简史

Adobe Photoshop，简称"PS"，是由 Adobe 公司开发和发行的图像处理软件，其图标见图 1-1-9。Photoshop 主要处理以像素构成的数字图像，可以对图片进行有效的编辑工作。时至今日,Photoshop 已成为世界上最强大的图像编辑软件,同时也是图像处理行业的一个标准。

图 1-1-9　Adobe Photoshop 图标

1987 年的秋天,托马斯·诺尔买了一台苹果计算机用来写博士论文。他发现计算机无法显示带灰度的黑白图像,因此他写了一个名为 Display 的程序用以改变此情况。他的兄弟约翰·诺尔在乔治·卢卡斯(《星球大战》电影的导演)的工业光魔(电影特殊效果制作公司)工作,对 Display 程序很感兴趣。此后的一年多里,两人将 Display 改进为功能更强大的图像编辑程序,同时改名为 Photoshop。此时的 Photoshop 已经拥有色彩平衡、饱和度调整等功能。Photoshop 创始设计师见图 1-1-10。

约翰·诺尔　　　　　托马斯·诺尔

图 1-1-10　Photoshop 的主要创始设计师

1990 年 2 月 Photoshop 1.0 版本(1.0 版本是一个只有 800KB 的软盘)经过 Adobe 工程师的共同努力,正式发行。

1991 年 6 月 Photoshop 2.0 版本发布。该版本不仅可以裁剪物体的边缘,还包括光栅化、路径、钢笔工具及矢量图像的编辑,其中 CNYK 颜色显示也确立了 Photoshop 在印刷行业的绝对统治地位。

1994 年 9 月 Photoshop 3.0 版本发布。Photoshop 3.0 是一个重要的里程碑,因为它有一个重大改进,就是"图层"功能的出现,它使得大量且复杂的设计工作变得简单,也是"原始"Photoshop 与"现代"Photoshop 的区分,此功能一直延续至今。

1997 年 6 月 Photoshop 4.0 版本发布。其主要改进是出现了"导航"面板,其中"调整层"是最大亮点。Adobe 此时也把 Photoshop 的用户界面和其他 Adobe 产品统一化。

1998 年 5 月 Photoshop 5.0 版本发布。此版本引入了"历史"的概念,用户可以多次后退,取消自己的操作,这和一般的 Undo 不同,在当时颇受好评,此后也证明这是 Photoshop 历史上的一个重大改进。

2000 年 9 月 Photoshop 6.0 版本发布。此时 Photoshop 与 Adobe 其他软件的配合更加流畅，添加了"液化滤镜""图层组"结构，对图层结构进行了重大的调整，包裹"图层样式""填充度""不透明度"等。

2002 年 3 月 Photoshop 7.0 版本发布。为配合当时流行的数码相机，此版本适时地出现了"修复画笔"等图片修改的工具。

2003 年 9 月 Photoshop CS 版本发布。此版本更多新功能为数码相机而开发，例如"镜头模糊""颜色匹配""阴影 / 高光"等。Photoshop CS 的 CS 是 Adobe Creative Suite 一套软件中后两个单词的缩写，代表"创作合集"，是一个统一的创作环境，将 Adobe 的软件进行科学的整合。

2005 年 5 月 Photoshop CS2 版本发布。此版本对网页多种格式都能很好地支持，强化了"自由变化工具""消失点工具""降噪滤镜"及其他一些滤镜，极大地提高了工作效率。

2007 年 7 月 Photoshop CS3 版本发布。此版本全新的界面布局，节约了工作空间，扩大了视图空间，加入了更多滤镜，进行了多项调整，支持视频与 3D，加载速度显著提升。

2008 年 9 月 Photoshop CS4 版本发布。这是规模最大的一次产品升级，有超过百项的创新，注重简化工作流程，色彩校正也进行了提升，还增强了动态图像，完善了"图层""蒙版"等功能。

2010 年 4 月 Photoshop CS5 版本发布。2010 年 Adobe Photoshop 迎来了 20 周年，Photoshop CS5 也发布了，该版本新增 GPU 加速、调整多图层透明、更新蒙版等功能。Photoshop CS5 分为两个版本：标准版和扩展版。标准版适合摄影师及印刷设计人员使用；扩展版适合创建编辑 3D 和与动画相关的工作。

2012 年 5 月 Photoshop CS6 版本发布。此版本图像编辑功能更加强大，操作也更加人性化，存储大型文件时也不会影响操作使用，拥有超强的计算能力。其最明显的变化是，原来的灰色界面色调变得更暗。

2013 年 7 月 Photoshop CC 版本发布。其中新增和改进的功能包括相机防抖动、Camera RAW 功能、图像提升采样、属性面板、Behance 集成以及同步设置等。

2014 年 6 月 Photoshop CC 2014 版本发布。该版本在功能上更加强大，极大地丰富了数字图像处理，新添加了智能参考线增强、改进链接的智能对象、改进智能对象中的图层复合、加强带有颜色混合的内容识别、增强 Photoshop 生成器、改进 3D 打印等功能。

2015 年 6 月 Photoshop CC 2015 版本发布。此版本更新功能主要针对 3D 功能、云同步、智能对象等。其中模糊画廊、恢复模糊区域中的杂色、图层以及修复功能（与 CS6 的效果和速度相比提升 120 倍）等都有极大的提升。

2016 年 10 月 Photoshop CC 2017 版本发布。该版本有更加智能的人脸识别滤镜，新增了自定义模板、全面搜索、无缝衔接 Adobe XD 功能，能够更好地支持 SVG 字体，具有更强大的抠图功能等。

2017 年 10 月 Photoshop CC 2018 版本发布。该版本添加了学习面板，其动态工具提示可有效帮助新手入门，且优化了画笔功能，增强了绘制功能等，还添加了性能更快、效果更好的其他工具与功能。

开始，Photoshop 只是以类似插件的形式存在，功能只有改变灰色图像而已。而今，Photoshop 不仅是一个应用软件，而且作为一个"标准"存在。今天 Photoshop 的普及程度也许是当初诺尔兄弟并未料到的，但是 Photoshop 改变了我们处理图片的方式，使我们的生活更加便利快捷、丰富多彩！

1.2.2　Photoshop CC 2018 的特点与硬件配置要求

Photoshop CC 2018 的特点如下。

（1）重新构思了"内容识别填充"功能。全新的专用"内容识别填充"工作区可以为用户提供交互式编辑体验，进而让用户获得无缝的填充结果。现在，借助 Adobe Sensei 技术，可以选择要使用的源像素，并且可以旋转、缩放和镜像源像素。另外，还可以获取有关变更的实时全分辨率预览效果以及一个可将变更结果保存到新图层的选项。

（2）可轻松实现蒙版功能的图框工具。只需将图像置入图框中，即可轻松地遮住图像。使用"图框工具"（K）可快速创建矩形或椭圆形占位符图框。另外，用户还可以将任意形状或文本转化为图框，并使用图像填充图框。

（3）实时混合模式预览。可以滚动查看各个混合模式选项，以了解它们在图像上的外观效果。当用户在图层面板和图层样式对话框中滚动查看不同的混合模式选项时，Photoshop 将在画布上显示混合模式的实时预览效果。

（4）创建完全对称的图案。使用画笔、混合器画笔、铅笔或橡皮擦工具时，单击"选项"栏中的蝴蝶图标，从可用的对称类型中选择，例如垂直、水平、双轴、对角线、波纹、圆形、螺旋线、平行线、径向、曼陀罗。在绘制过程中，描边将在对称线上实时反映出来，能够轻松创建复杂的对称图案。

（5）使用色轮选取颜色。借助色轮，可实现色谱的可视化图表，并且可以根据协调色的概念（例如互补色和类似色），轻松选取颜色（从颜色面板弹出菜单中选择色轮）。

（6）缩放 UI 大小的首选项。可以在缩放 Photoshop UI 时获得更多的控制权，并且可以独立于其他的应用程序，对 Photoshop UI 单独进行调整，以获得恰到好处的字体大小。

（7）其他增强功能。如快速水平翻转画布，将"Lorem Ipsum"作为占位符文本，自定义"选择并遮住"的键盘快捷键等。

Photoshop CC 的硬件配置要求如表 1-1-1 所示。

表 1-1-1　Photoshop 的硬件配置要求

操作系统	Microsoft Windows 7 Service Pack 1、Windows 10（版本 1709 或更高版本）
处理器	Intel Core 2 或 AMD Athlon 64 处理器；2 GHz 或更快的处理器
RAM	2 GB 或更大 RAM（推荐使用 8 GB）
硬盘空间	32 位安装需要 2.6 GB 或更大可用硬盘空间；64 位安装需要 3.1 GB 或更大可用硬盘空间；安装过程中会需要更多可用空间（无法在使用区分大小写的文件系统的卷上安装）
显示器分辨率	1 024×768 显示器（推荐使用 1 280×800），带有 16 位颜色和 512 MB 或更大的专用 VRAM；推荐使用 2 GB
图形处理器加速要求	支持 OpenGL 2.0 的系统
Internet	必须具备 Internet 连接并完成注册，才能进行所需的软件激活、订阅验证和在线服务访问

若没有 GPU（图形处理器）支持，以下功能将无法正常工作：3D、油画、渲染－火焰、画框和树、细微缩放、俯视视图、平滑画笔大小调整。

需要 GPU 来加速的功能：画板、Camera Raw（更多信息）、图像大小－保留细节、选择焦点、模糊画廊－场景模糊、光圈模糊、倾斜偏移、路径模糊和旋转模糊（OpenCL 加速）、智能锐化（减少杂色 - OpenCL 加速）、透视变形、选择和蒙版（OpenCL 加速）。

1.2.3 Photoshop CC 2018 的工作界面

Photoshop CC 2018 启动后会出现主屏幕（如图 1-1-11），其中包括以下内容。有关新功能的信息；各种教程可帮助用户快速学习和理解概念、工作流程、技巧和窍门；显示和访问用户最近的文档等。（主屏幕的内容是根据 Photoshop 和 Creative Cloud 会员身份而定制的）

图 1-1-11   Photoshop 主屏幕

如果没有创建会员，可以点击 新建... 按钮，创建"新建文档"（如图 1-1-12）。

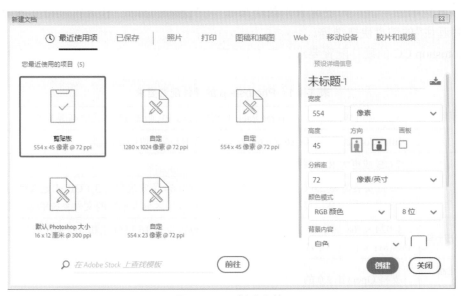

图 1-1-12   新建文档

点击 创建 按钮，进入 Photoshop CC 2018 的操作界面（如图 1-1-13）。

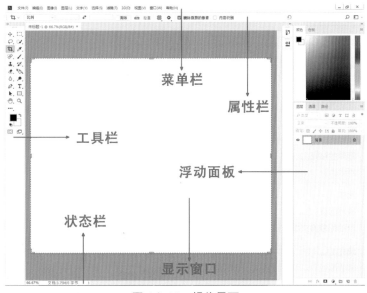

图 1-1-13　操作界面

（1）菜单栏：菜单栏是 Photoshop CC 2018 的重要组成部分，PS 的功能命令分别放在菜单之中（如图 1-1-14）。按照功能划分将菜单分为 11 项，每个主菜单项中均包含同类操作的许多功能，这些功能隐藏在下拉菜单中。与 Windows 应用程序相同，下拉菜单中的命令若显示为黑色，则表示此命令当前可用；若显示为灰色，则表示该命令在当前情况下不可用。

文件(F)　编辑(E)　图像(I)　图层(L)　文字(Y)　选择(S)　滤镜(T)　3D(D)　视图(V)　窗口(W)　帮助(H)

图 1-1-14　菜单栏

①文件：负责有关文件的操作，如打开、存储文件等功能（如图 1-1-15）。

图 1-1-15　文件菜单中的命令

②编辑：包含一些负责编辑的命令，如拷贝、粘贴、首选项等功能（如图 1-1-16）。

还原(O)	Ctrl+Z	自由变换(F)	Ctrl+T
前进一步(W)	Shift+Ctrl+Z	变换(A)	▶
后退一步(K)	Alt+Ctrl+Z	自动对齐图层…	
		自动混合图层…	
渐隐(D)…	Shift+Ctrl+F		
		定义画笔预设(B)…	
剪切(T)	Ctrl+X	定义图案…	
拷贝(C)	Ctrl+C	定义自定形状…	
合并拷贝(Y)	Shift+Ctrl+C		
粘贴(P)	Ctrl+V	清理(R)	▶
选择性粘贴(I)	▶		
清除(E)		Adobe PDF 预设…	
		预设	▶
搜索	Ctrl+F	远程连接…	
拼写检查(H)…			
查找和替换文本(X)…		颜色设置(G)…	Shift+Ctrl+K
		指定配置文件…	
填充(L)…	Shift+F5	转换为配置文件(V)…	
描边(S)…			
		键盘快捷键…	Alt+Shift+Ctrl+K
内容识别缩放	Alt+Shift+Ctrl+C	菜单(U)…	Alt+Shift+Ctrl+M
操控变形		工具栏…	
透视变形		首选项(N)	▶

图 1-1-16　编辑菜单中的命令

③图像：用于对图像的操作，如自动颜色、图像大小、画布大小等功能（如图 1-1-17）。

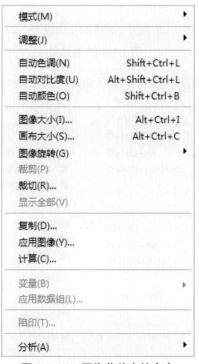

图 1-1-17　图像菜单中的命令

④图层：在图层中可进行新建填充图层、矢量蒙版、视频图层等操作（如图 1-1-18）。

图 1-1-18　图层菜单中的命令

⑤文字：负责对文字进行相关编辑，如创建 3D 文字、匹配字体、字体预览大小等（如图 1-1-19）。

图 1-1-19　文字菜单中的命令

⑥选择：主要负责选取图像区域，如色彩范围、焦点区域等（如图 1-1-20）。

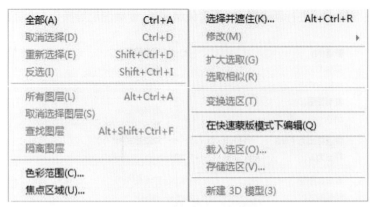

图 1-1-20　选择菜单中的命令

⑦滤镜：可对图像进行特殊效果制作，如风格化、模糊、杂色等（如图 1-1-21）。

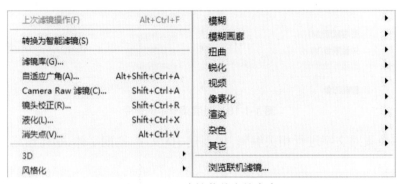

图 1-1-21　滤镜菜单中的命令

⑧3D：负责将普通图层转化为 3D 效果，如球面全景、从所选图层新建 3D 模型等（如图 1-1-22）。

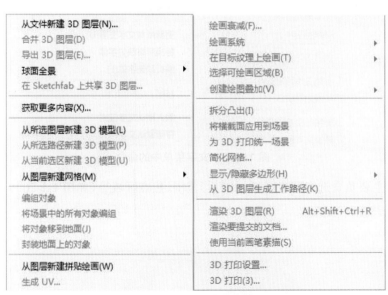

图 1-1-22　3D 菜单中的命令

⑨视图：主要对显示窗口进行设置，如放大、缩小、标尺、对齐等（如图 1-1-23）。

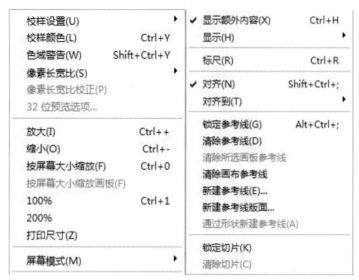

图 1-1-23　视图菜单中的命令

⑩窗口：用于窗口的编辑与显示，如动作、画笔、路径等（如图 1-1-24）。

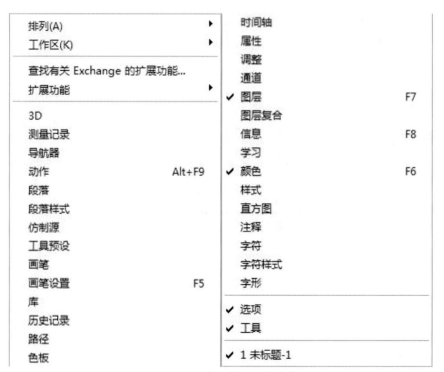

图 1-1-24　窗口菜单中的命令

⑪帮助：可以访问帮助手册，其中包含 Photoshop CC 2018 所有的命令、工具及功能等信息（如图 1-1-25）。

图 1-1-25　帮助菜单中的命令

（2）属性栏：Photoshop 中的大部分工具属性都会在属性栏中显示，当选中某一个工具时，属性显示便会转换为当前工具的属性，以方便大家的设置（如图 1-1-26）。

图 1-1-26　属性栏显示

（3）工具栏：工具栏放置在工作界面的左侧，用户只要用鼠标单击这些工具按钮，并搭配系统菜单下方的"属性栏"中的相应内容，就可以轻松地完成相应操作。图像的编辑以及绘图等工具都从这里调用（如图 1-1-27）。工具右下方有小三角，表示此工具是一个工具组（如图 1-1-28），左键单击工具图标不放，便会显示全部工具（把鼠标放到工具上即显示工具快捷键，"Shift+ 工具快捷键"可以快速选择工具组内的工具）（如图 1-1-29）。

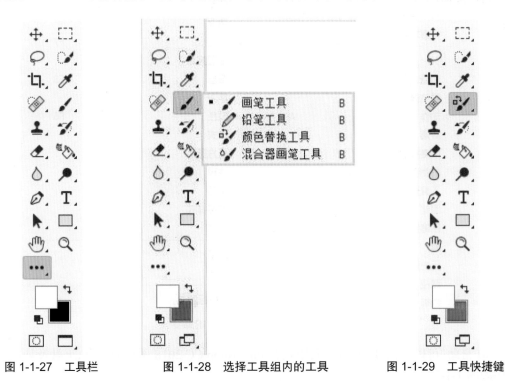

图 1-1-27　工具栏　　　　图 1-1-28　选择工具组内的工具　　　　图 1-1-29　工具快捷键

（4）浮动面板：用来安放制作需要的各种常用面板，帮助监控和修改图像。所有面板都可以在"窗口"命令下打开（如图 1-1-30）。

图 1-1-30 部分打开的浮动面板

（5）状态栏：状态栏由"比例显示栏"和"文件显示信息"组成（如图 1-1-31），打开一幅图像时，图像的下方会出现该图像的状态栏，显示一些相关的状态信息，可通过三角按钮来选择显示各种信息（如图 1-1-32）。

66.67%　　文档:3.75M/0 字节　　　>

图 1-1-31 状态栏

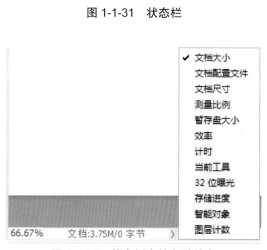

图 1-1-32 状态栏中的各种信息

（6）显示窗口：具有显示、编辑图像的作用，可以显示出图像的名称、格式、比例、通道、图层等状态（如图 1-1-33）。

图 1-1-33   显示窗口

1.3   Photoshop 图像处理基础知识

在学习使用 Photoshop 之前,我们先学习一些基本名词与术语,这对于我们进一步深入学习是有很大帮助的,有助于更快、更准确地处理图像,更有助于我们完成 Photoshop 不同的制作要求。

1.3.1   位图和矢量图

图像分为两种类型,分别是位图和矢量图。在图像的编辑过程中,这两种图像可以相互使用。

● 位图

位图也叫点阵图像,它是由许多单独的小方块组成的(小方块就是俗称的"马赛克"),这些小方块称为像素点,每个像素点的位置和颜色都是特定的,所以位图的清晰度和像素点息息相关,不同位置和颜色的像素点组成色彩丰富的图像。像素点越多,图像的分辨率越高,相应地,图像的文件量也会随之增大。

下面通过两张图片做一个演示,图 1-1-34 为最初效果图,将此图放大后像素点效果如图 1-1-35 所示,大家可以对比一下两者的效果。由此可见,以较大的倍数放大图像,图像就会出现像素点,并且会丢失图像细节。

图 1-1-34   位图最初效果

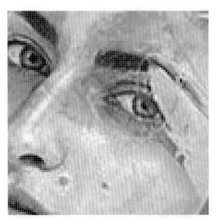

图 1-1-35   位图放大后的像素效果

- 矢量图

矢量图也叫向量图，它是一种基于图形的几何特性来描述的图像。矢量图中的各种图形元素称为对象，每一个对象都是独立的个体，都具有大小、颜色、形状、轮廓等属性，所以矢量图无法精确地绘制各种绚丽的景象。矢量图与分辨率无关，可以将它设置为任意大小，其清晰度不变，不会损失细节。下面有两张矢量图，一张为最初效果（如图 1-1-36），另一张为放大后的效果（如图 1-1-37），可见放大或缩小矢量图不会影响图像细节和清晰程度。

图 1-1-36　矢量图最初效果

图 1-1-37　矢量图放大后的效果

1.3.2　分辨率

分辨率是描述图像信息的专业术语。分辨率分为图像分辨率、屏幕分辨率和输出分辨率。

- 图像分辨率

图像分辨率指图像中存储的信息量，即图像内每个单位有多少个像素点，其单位为像素／英寸或是像素／厘米。

尺寸完全相同的两幅图片，高分辨率图片的像素要比低分辨率图片的像素多。例如，一幅尺寸为 1 英寸 ×1 英寸的图片，其分辨率为 72 像素，这幅图像包含 5184 个像素（72×72 ＝ 5184）。同样尺寸，分辨率为 300 像素的图片，包含 90000 个像素。例如，下面两张图尺寸相同，分辨率分别为 72 像素（如图 1-1-38）和 10 像素（如图 1-1-39）。由此可见，在相同尺寸下，高分辨率的图像更能清晰地表现图片内容。当然，图片所包含的像素是固定的，增加图片尺寸，会降低图片的分辨率。

图 1-1-38　分辨率为 72 像素的图像

图 1-1-39　分辨率为 10 像素的图像

● 屏幕分辨率

屏幕分辨率是显示器上每单位显示的像素数目。屏幕分辨率取决于显示器大小及其像素设置。显示器可显示的像素越多,画面就越精细,同样的屏幕区域内能显示的信息也越多,所以分辨率是一个非常重要的性能指标。图像像素被直接转换成显示器像素,当图像分辨率高于显示器分辨率时,屏幕中显示的图像比实际尺寸大。

● 输出分辨率

输出分辨率是打印机等输出设备产生的每英寸的油墨点数(dpi)。打印机的分辨率在720dpi 以上的,可以使图像获得比较好的效果。

1.3.3 图像的色彩模式

Photoshop 包含多种色彩模式(如图 1-1-40),正是这些色彩模式的存在,作品才能够在屏幕和印刷品上完美呈现。经常能够用到的色彩模式有 CMYK、RGB、Lab 以及 HSB。另外,还有索引模式、灰度模式、位图模式、双色调模式、多通道模式等。这些模式都可以在模式菜单下选取,每种色彩模式都有不同的色域,并且各个模式之间可以转换。下面介绍几种较为常见的色彩模式。

图 1-1-40 色彩模式

● CMYK 模式

CMYK 模式(如图 1-1-41)是最佳的打印模式,是图片、插图和 Photoshop 作品中最常用的一种印刷方式。因为在印刷中通常要进行四色分色,出四色胶片,然后进行印刷。CMYK 代表印刷上用的四种颜色,C 代表青色(Cyan),M 代表洋红色(Magenta),Y 代表黄色(Yellow), K 代表黑色(Black)。因为在实际应用中,青色、洋红色和黄色很难叠加形成真正的黑色,最多不过是褐色,因此才引入了 K——黑色。黑色的作用是强化暗调,加深暗部色彩。CMYK 模式是一种减色色彩模式,这也是其与 RGB 模式的根本不同之处。

● RGB 模式

RGB 模式(如图 1-1-42)就是常说的三原色,R 代表 Red(红色),G 代表 Green(绿色),B 代表 Blue(蓝色)。自然界中肉眼所能看到的任何色彩都可以由这三种色彩混合叠加而成,因此 RGB 模式也称为加色模式。

每个通道都有 8bit(bit 即比特位,是计算机最小的存储单位,以 0 或 1 来表示比特位的值,愈多的比特位数可以表现愈复杂的图像信息)的色彩信息——一个 0~255 的亮度值色域。也就是说,每一种色彩都有 256 个亮度水平级,3 种色彩相叠加,可以有 $256×256×256 = 1.67×10^7$ 余种可能的颜色。这 $1.67×10^7$ 余种颜色足以表现出绚丽多彩的世界。

在 Photoshop 中编辑图像时，RGB 模式应是最佳的选择。因为它可以提供全屏幕的多达 24bit 的色彩范围，一些计算机领域的色彩专家称之为"True Color（真色彩）"显示。

● 灰度模式

灰度图又叫 8bit 深度图。每个像素用 8 个二进制位表示，即有 2^8=256 个等级的灰阶色彩。当一个彩色文件被转换为灰度模式文件时，所有的颜色信息都将从文件中丢失。尽管 Photoshop 允许将一个灰度文件转换为彩色模式文件，但不可能将原来的颜色完全还原。所以，当要转换灰度模式时，应先做好图像的备份。

与黑白照片一样，一个灰度模式的图像只有明暗值，没有色相和饱和度这两种颜色信息。0% 代表白，100% 代表黑，其中的 K 值用于衡量黑色油墨用量（如图 1-1-43）。

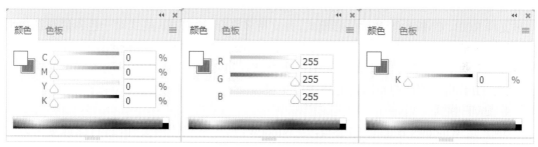

图 1-1-41　CMYK 模式　　　　图 1-1-42　RGB 模式　　　　图 1-1-43　灰度模式

1.3.4　图像的文件格式

编辑完一幅图像后，需要对其进行存储，此时必须选择一种文件格式。Photoshop 包含 20 多种文件格式（如图 1-1-44），这些图像的文件格式中，既有 Photoshop 的专属文件格式，也有兼容性较高的文件格式，还有一些较特殊的文件格式。下面为大家介绍几种较为常用的图像文件格式。

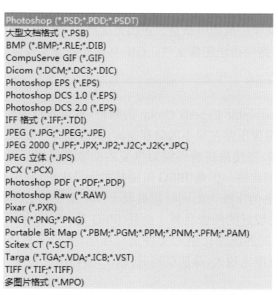

图 1-1-44　Photoshop 包含的图像文件格式

● PSD 格式

PSD 格式是图形设计软件 Photoshop 的专用格式,用 Photoshop 打开和存储 PSD 格式文件的速度比其他格式更快。PSD 文件可以存储成 RGB 或 CMYK 模式,能够自定义颜色数并加以存储,可以保存 Photoshop 的图层、通道、路径等信息,是目前唯一能够支持全部图像色彩模式的格式。制作过程中,在没有最终决定图像是否满意的情况下,最好先以 PSD 格式存储,有助于文件以后的编辑修改。但是,PSD 格式所存储的图像文件容量大,占用磁盘空间较多,在一些图形处理软件中没有得到很好的支持,所以其通用性不强。

● TIFF 格式

TIFF 格式是一种比较灵活的图像格式,它的全称是 tagged image file format,TIFF 格式非常适用于印刷和输出。该格式支持 256 色、24 位真彩色、32 位色、48 位色等多种色彩位,同时支持 RGB、CMYK 等多种色彩模式,并支持多平台等。TIFF 格式对于色彩通道图像来说是最有用的格式,具有很强的可移植性,它可以用于 PC、Mac 以及 UNIX 工作站三大平台,是这三大系统平台上使用最广泛的绘图格式。用 TIFF 格式存储时应考虑到文件的大小,因为 TIFF 格式的结构要比其他格式更复杂。

● BMP 格式

BMP 是 Windows Bitmap 的缩写,是 Windows 标准格式图形文件,它将图像定义为由点(像素)组成,每个点可以由多种色彩表示,包括 2、4、8、16、24 和 32 位色彩 BMP 格式使用索引色彩,它的图像具有极其丰富的色彩。BMP 格式能够存储黑白图、灰度图和 16MB 色彩的 RGB 图像等。此格式一般在多媒体演示、视频输出等情况下使用,但不能在 Mac 系统中使用。在存储 BMP 格式的图像文件时,还可以进行无损失压缩,这样能够节省磁盘空间。

● GIF 格式

GIF 格式自 1987 年由 CompuServe 公司引入后,因其体积小而成像相对清晰,特别适合于初期慢速的互联网,从而大受欢迎。它采用无损压缩技术,只要图像不多于 256 色,则可既减小文件的大小,又保证成像的质量。正因为这样,一般用这种格式的文件来缩短图形的加载时间。如果在网络中传送图像文件,GIF 格式的图像文件要比其他格式的图像文件快得多。

● JPEG 格式

JPEG 是 Joint Photographic Experts Group 的缩写,意为联合图片专家组。JPEG 是一种有损压缩格式,能够将图像压缩在很小的储存空间内,因此容易造成图像数据的损伤。尤其是使用过高的压缩比例,将使最终解压缩后恢复的图像质量明显降低,如果追求高品质图像,不宜采用过高的压缩比例。但是 JPEG 压缩技术十分先进,它用有损压缩方式去除冗余的图像数据,在获得极高的压缩率的同时能展现十分丰富生动的图像,换句话说,就是可以用最小的磁盘空间得到较好的图像品质。而且 JPEG 是一种很灵活的格式,具有调节图像质量的功能,允许用不同的压缩比例对文件进行压缩,支持多种压缩级别,压缩比通常在 40∶1 到 10∶1 之间,压缩比越大,品质就越低;相反地,压缩比越小,品质就越好。

● EPS 格式

EPS 是 Encapsulated PostScript 的缩写,它是 PostScript 的一种延伸类型。多用于单镜反光相机,是印前系统中功能最强的一种图档格式,向量及位图皆可包容,向量图形的 EPS

档可以在 Illustrator 及 CorelDraw 中修改,也可以再加载到 Photoshop 中做影像合成,可以在任何作业平台及高分辨率输出设备上,输出色彩精确的向量或位图,是做分色印刷美工排版人员最爱使用的图档格式。在 Photoshop 中,也可以把其他图形文件存储为 EPS 格式,在排版类的 PageMaker 和绘图类的 Illustrator 等其他软件中使用。

Photoshop 中还有很多图像格式,由于篇幅所限不能为大家一一介绍,下面根据图像的不同用途,总结出一些常用的图像文件格式,大家可以根据工作需求选择合适的图像文件的存储格式。

用于印刷:TIFF、EPS。

出版物:PDF。

网络图像:GIF、JPEG、PNG。

用于 Photoshop 工作:PSD、PDD、TIFF。

2　Photoshop 基本操作流程

通过上面章节的学习,我们对 Photoshop 有了一个整体上的认识,Photoshop 的入门学习并不困难,但是想要熟练掌握和运用 Photoshop 制作出理想的作品,还需要进行刻苦的学习与实践,不断提高自己的技术与审美、开阔自己的眼界与格局,只有这样,才能在未来设计的道路上走得更远,创造更多优秀的作品。下面,我们通过两个案例的制作,来巩固一下所学习的内容。

2.1　案例实战——编辑与存储基础操作

（1）单击 ![Ps] 图标,打开 Photoshop 软件,再单击 新建… 图标,弹出"新建文档"对话框（如图 1-2-1）,按照需求创建文档的"宽度""高度""分辨率"等参数（如图 1-2-2）。

图 1-2-1　新建文档

图 1-2-2　预设参数

名称：默认为"未标题 -1"，可以先不输入，等存储的时候再命名。

宽度、高度：设置新建文件的大小尺寸，默认单位为"像素"。

分辨率：网络用图通常为 72，注意单位是"像素 / 英寸"。

颜色模式：共有 5 种模式，常用的有 2 种模式，RGB 颜色是屏幕显示模式，CMYK 是印刷输出模式，模式后面的"8 位"一般保持不变。

背景内容：即背景色，通常选择"白色"和"透明"，高级选项保持默认不变。

（2）单击 创建 图标，创建出文档（如图 1-2-3）。

图 1-2-3　新建工作文档

（3）单击菜单栏的"文件"—"打开"命令（如图 1-2-4），按照路径导入图片"风景"（如图 1-2-5）。

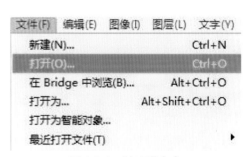

图 1-2-4　"打开"命令

图 1-2-5　打开"风景"图片

（4）使用"移动"工具，将"风景"图片拖入"未标题 -1"之中（如图 1-2-6）。

图 1-2-6　"未标题 -1"中的"风景"图片

　　（5）这时候发现一个问题，"风景"图片要大于"未标题 -1"文档，也就是说在"未标题 -1"文档中，不能显示出全部"风景"图片。下面，我们选择"编辑"—"自由变换"命令（如图 1-2-7），对"风景"图片适当缩放，使其符合"未标题 -1"文档的大小（如图 1-2-8）。

编辑(E)	图像(I)	图层(L)	文字(Y)	选择(
还原(O)			Ctrl+Z	
前进一步(W)			Shift+Ctrl+Z	
后退一步(K)			Alt+Ctrl+Z	
渐隐(D)...			Shift+Ctrl+F	
剪切(T)			Ctrl+X	
拷贝(C)			Ctrl+C	
合并拷贝(Y)			Shift+Ctrl+C	
粘贴(P)			Ctrl+V	
选择性粘贴(I)			▶	
清除(E)				
搜索			Ctrl+F	
拼写检查(H)...				
查找和替换文本(X)...				
填充(L)...			Shift+F5	
描边(S)...				
内容识别缩放			Alt+Shift+Ctrl+C	
操控变形				
透视变形				
自由变换(F)			Ctrl+T	

图 1-2-7　"自由变换"命令

图 1-2-8　缩放"风景"图片

　　（6）将素材"字体"（如图 1-2-9）拖入"风景"图片中，使用"移动"工具 ⊕ 摆放位置（如图 1-2-10）。

图 1-2-9　素材"字体"

图 1-2-10　摆放位置后的合成效果

（7）"风景"图片的编辑完成后按"回车"键确认,再对其进行存储操作,单击"文件"——
"存储"命令（如图 1-2-11）。

文件(F)	编辑(E)	图像(I)	图层(L)	文字(Y)

新建(N)...	Ctrl+N
打开(O)...	Ctrl+O
在 Bridge 中浏览(B)...	Alt+Ctrl+O
打开为...	Alt+Shift+Ctrl+O
打开为智能对象...	
最近打开文件(T)	▶
关闭(C)	Ctrl+W
关闭全部	Alt+Ctrl+W
关闭并转到 Bridge...	Shift+Ctrl+W
存储(S)	Ctrl+S

图 1-2-11　"存储"命令

（8）出现"另存为"对话框（如图 1-2-12）,根据个人机器情况选择存储路径,图片格式
选择 JPEG,创建名称为"瑞士风景"（如图 1-2-13）,如无问题单击"保存"按钮（如果是已经

储存过的文件,系统会自动进行储存,而不会弹出"另存为"对话框)。

图 1-2-12　"另存为"对话框

图 1-2-13　按照需要编辑"另存为"选项

　　(9)单击"保存"命令,出现"JPEG 选项"对话框(如图 1-2-14),单击 确定 命令(如需要保存高质量图片,在"图像选项"中将滑块拖至"大文件"即可)(如图 1-2-15)。

图 1-2-14 "JPEG 选项"对话框　　　　　　　图 1-2-15 调节图像质量

（10）图片编辑完成后，用看图软件观看最终效果（如图 1-2-16）。

图 1-2-16 最终效果

2.2 案例实战——头像的剪影制作

（1）在 Photoshop 中将素材"人物"打开（如图 1-2-17）。

（2）在"工具栏"中选择"索套"工具，单击鼠标右键选择"多边形索套工具"（如图 1-2-18）。

（3）使用"多边形索套工具"将素材"人物"头部选中（粗略勾勒出来即可）（如图 1-2-19）。

（4）保持选区不变，再次创建一个新的文档，选择"文件"—"新建"命令（如图 1-2-20）。

（5）出现"新建文档"对话框，将"高度""宽度"的像素值适当提高（如图 1-2-21），设置完成后，单击 创建 命令（如图 1-2-22）。

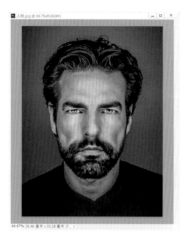

图 1-2-17　打开素材

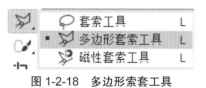

图 1-2-18　多边形索套工具

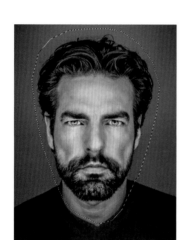

图 1-2-19　选中头部

图 1-2-20　"新建"命令

图 1-2-21　编辑新建文档

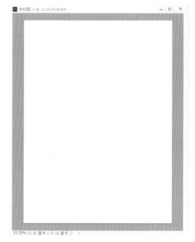

图 1-2-22　新建文档

（6）在"新建文档"中选择"图层"—"创建新的填充或调整图层" ，创建"渐变"（如图 1-2-23）。

图 1-2-23   创建渐变

（7）出现"渐变填充"对话框（如图 1-2-24），单击"渐变"后面的色块，出现"渐变编辑器"对话框（如图 1-2-25）。

图 1-2-24   "渐变填充"对话框   图 1-2-25   "渐变编辑器"对话框

（8）在"渐变编辑器"对话框中，将"渐变"选择为白到黑（如图 1-2-26）。

图 1-2-26   白色到黑色渐变

（9）在"渐变填充"对话框中，将"样式"调节为"径向"，"缩放"调节为"400"（如图1-2-27），单击"确定"按钮（如图1-2-28），使用"移动"工具  将素材"人物"选中部分拖入新建文档（如图1-2-29）。

图 1-2-27　调节渐变填充　　　　　图 1-2-28　调节完成　　　图 1-2-29　拖入新建文档

（10）选择"图像"—"调整"—"阈值"命令（如图1-2-30），出现"阈值"对话框（如图1-2-31）。

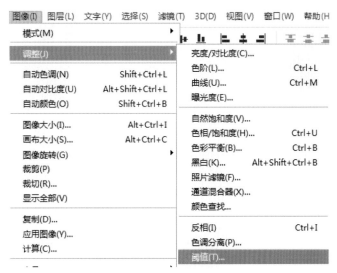

图 1-2-30　选择"阈值"命令

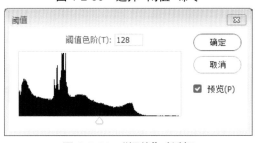

图 1-2-31　"阈值"对话框

（11）调节"阈值色阶"命令（目的是让人物轮廓更加明显），数值调整为 54（如图1-2-32）。

图 1-2-32　调节阈值色阶

（12）阈值调节完成后，选择"选择"—"色彩范围"命令（如图 1-2-33）

（13）使用"色彩范围"—"选择"—"取样颜色"命令 ✐，吸取头部黑色部分，得到一个黑色区域（如图 1-2-34）。

图 1-2-33　"色彩范围"命令

图 1-2-34　黑色选择区域

（14）使用"移动"工具 ✛，将已经选择的部分拖动出来，不要与白色底部重叠（如图 1-2-35）。

（15）使用"多边形套索工具"，选择白色底部（如图 1-2-36），按键盘"Delete"键将其删除（如图 1-2-37）。

图 1-2-35　移动选择部分图像

图 1-2-36　选择白色底部

（16）将头像放到文档中间位置，使用"自由变换"命令适当调节头像与文档之间比例关系（如图 1-2-38）。

图 1-2-37 删除白色底部

图 1-2-38 适当调节比例

（17）将素材"星空"（如图 1-2-39）导入 Photoshop 中，并拖入素材"人物"图层（如图 1-2-40）。

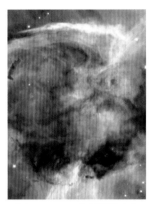

图 1-2-39 素材"星空"

图 1-2-40 拖入图层

（18）将鼠标放在"图层 1"和"图层 2"之间，按住键盘"Alt"键再单击鼠标左键（如图 1-2-41），素材"人物"发生变化（如图 1-2-42）。

图 1-2-41 结合图层

图 1-2-42 人物效果

（19）选择"图层 1"，单击面板下方的"添加图层样式"命令（如图 1-2-43），选择"斜面和浮雕"命令（如图 1-2-44）。

图 1-2-43   "添加图层样式"命令   图 1-2-44   "斜面和浮雕"命令

（20）单击"斜面和浮雕"命令，对参数进行调节（如图 1-2-45）。

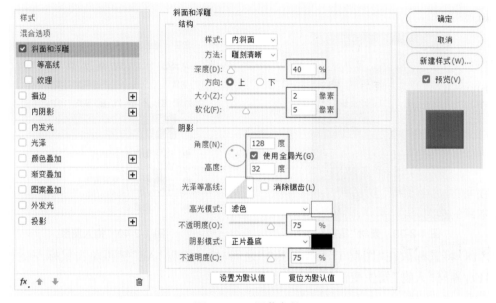

图 1-2-45   调节参数

（21）单击"确定"按钮制作完成，最终效果如图 1-2-46 所示。

图 1-2-46   最终效果

第二章 Photoshop 的基础操作

知识重点

✧ 熟悉 Photoshop CC 的工具
✧ 了解各种工具的操作与功能
✧ 掌握使用工具处理图像图形的思路与方法

职业素养

在我国经济转型,从"制造大国"走向"制造强国",产品提质升级的背景下,工匠精神培育不仅是对从业者职业素质的要求,更是一种国家战略,Photoshop 是图文编辑和创作神器,Photoshop 图形图像处理技术本身就是一种数码时代的工匠活,其中的工匠元素比比皆是,学好它就必须有培养自己的工匠精神。

引言

本章主要介绍 Photoshop CC 工具的使用方法。通过对各种工具的深入学习,学生可掌握其使用方法与属性调节。工具是 Photoshop 中基本的操作命令,也是最常用的操作命令。通过本章的学习,大家可以掌握各种工具的使用技巧,为后续编辑图片的学习打好基础。

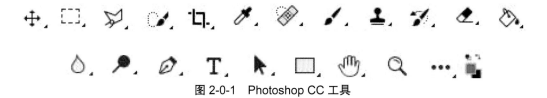

图 2-0-1 Photoshop CC 工具

1 工具对编辑图像的作用

当今世界数字技术的运用和发展,为图像编辑技术提供了巨大的便利,可以深入地对图像进行优化,直至满意为止。现代的图像图片以数字技术为基础,无论是尺寸问题、颜色问题还是效果问题,都可以通过调整修改等操作解决。无论这些问题用何种方法解决都离不开 Photoshop 中的工具,可以说工具运用是否得当直接影响图像编辑的最终效果,在 Photoshop 的世界中,"工具"将是我们获得的第一个宝藏。

2　选择工具

"选择工具"不是特指 Photoshop 工具栏中某一个具体的工具,而是工具栏中几个具体工具的统称,例如"移动工具""选框工具""索套工具"等。这些工具可以提高工作效率,对图像局部进行精确的选择,最终使图像获得精美的效果。

2.1　移动工具

移动工具 ✛ :用于对图像的选择区域进行移动、复制、粘贴、剪切、变换、遮盖等。当选择"移动工具"后,"属性栏"也随之变化(如图 2-2-1)。

图 2-2-1　移动工具属性栏

自动选择:勾选后会比较智能地选择图层对象,不用特意切换图层。
选项:组、图层。图层可以编组,实现多图层的同样操作。
显示变换控件:勾选后,图层会出现可编辑的变换控件,实现图像的各种编辑变换操作。
对齐和分布方式:主要是对多图层进行排布,包括顶对齐、垂直居中对齐、底对齐、左对齐、水平居中对齐、右对齐、按顶分布、垂直居中分布、按底分布、按左分布、水平居中分布、按右分布。

2.1.1　移动工具的实际操作

(1)在 Photoshop 中将素材"美食"打开(如图 2-2-2)。
(2)发现使用"移动工具"不能将其移动,单击"取消"按键(如图 2-2-3),注意右侧"图层"面板的锁型图标 🔒 (如图 2-2-4)。

图 2-2-2　打开素材　　　　图 2-2-3　单击"取消"按键　　　　图 2-2-4　图层面板

（3）双击右侧"图层"面板的锁形图标  ，再单击"新建图层"对话框的"确定"按钮，图片被解锁从而可以进行移动（如图 2-2-5），"图层"面板的锁形图标  消失（如图 2-2-6）。

图 2-2-5　"新建图层"对话框　　　　　图 2-2-6　图层被解锁

2.1.2　移动工具的属性栏

（1）在 Photoshop 中将素材"卡通 1""卡通 2""卡通 3""卡通 4"打开（如图 2-2-7）。

图 2-2-7　打开素材

（2）使用"移动工具"将素材"卡通 1""卡通 2""卡通 3""卡通 4"放入"未标题 -1"图层之中（如图 2-2-8）。

图 2-2-8　将素材放入图层

（3）注意"属性栏"中的"对齐与分布"命令（如图 2-2-9）。

图 2-2-9　"对齐与分布"命令

（4）将素材随机摆放，使用"属性栏"中的"对齐与分布"命令进行操作（如图 2-2-10）。

（5）在"图层"面板中将全部素材选中（如图 2-2-11），单击"对齐与分布"命令中"顶对齐" ▛ 。

图 2-2-10　素材随机摆放

图 2-2-11　选中全部素材

（6）单击"对齐与分布"命令中"顶对齐"命令 ▛ ，观察素材效果，全部对齐顶端如图 2-2-12 所示。

（7）按键盘快捷键"Ctrl+Alt+z"后退至第（4）步素材随机摆放，单击"对齐与分布"命令中"垂直居中对齐"命令 ▮▮ ，观察素材效果，全部垂直居中对齐如图 2-2-13 所示。

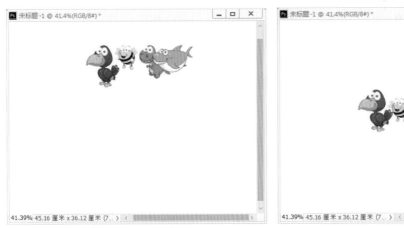

图 2-2-12　顶对齐效果

图 2-2-13　垂直居中对齐效果

（8）按键盘快捷键"Ctrl+Alt+z"后退至第（4）步素材随机摆放，单击"对齐与分布"命令中"底对齐"命令 ，观察素材效果，全部底部对齐如图 2-2-14 所示。

（9）按键盘快捷键"Ctrl+Alt+z"后退至第（4）步素材随机摆放，单击"对齐与分布"命令
中"左对齐"命令 ，观察素材效果，全部左端对齐如图 2-2-15 所示。

图 2-2-14　底对齐效果　　　　　　　　图 2-2-15　左对齐效果

（10）按键盘快捷键"Ctrl+Alt+z"后退至第（4）步素材随机摆放，单击"对齐与分布"命
令中"水平居中对齐"命令 ，观察素材效果，全部水平居中对齐如图 2-2-16 所示。

（11）按键盘快捷键"Ctrl+Alt+z"后退至第（4）步素材随机摆放，单击"对齐与分布"命
令中"右对齐"命令 ，观察素材效果，全部右端对齐如图 2-2-17 所示。

图 2-2-16　水平居中对齐效果　　　　　图 2-2-17　右对齐效果

（12）将素材竖向随机摆放（如图 2-2-18），依次单击"对齐与分布"命令中"水平居中对
齐"命令 和"按顶分布"命令 ，观察素材效果，全部以顶部平均分布如图 2-2-19
所示。

图 2-2-18　素材竖向随机摆放

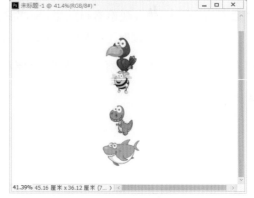
图 2-2-19　顶部平均分布

（13）再次单击"对齐与分布"命令中"垂直居中分布"命令 （如图 2-2-20）。

（14）再次单击"对齐与分布"命令中"按底分布"命令 （如图 2-2-21）。

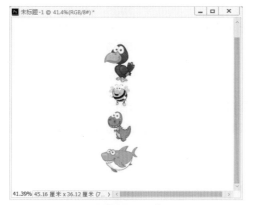
图 2-2-20　以图像中心位置平均分布

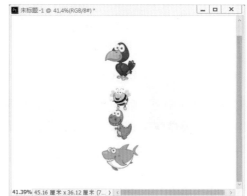
图 2-2-21　以图像底部平均分布

（15）将素材横向随机摆放（如图 2-2-22），依次单击"对齐与分布"命令中"垂直居中对齐"命令 和"按左分布"命令 ，观察素材效果，全部以左端平均分布如图 2-2-23 所示。

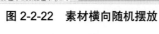
图 2-2-22　素材横向随机摆放

图 2-2-23　以图像左端平均分布

（16）再次单击"对齐与分布"命令中"水平居中分布"命令 （如图 2-2-24）。

（17）再次单击"对齐与分布"命令中"按右分布"命令 （如图 2-2-25）。

图 2-2-24　以图像中心位置平均分布　　　　图 2-2-25　以图像右端平均分布

2.1.3　移动工具的隐藏命令

（1）在 Photoshop 中打开素材"林中小屋"（如图 2-2-26），右键单击"移动工具"命令
，出现隐藏菜单，选择"画板工具" 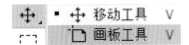（如图 2-2-27）。

图 2-2-26　打开素材　　　　　　　　图 2-2-27　选择"画板工具"

（2）在图中可以随意绘制若干个画板（如图 2-2-28），也可以在"属性栏"中选择常用设备的尺寸（如图 2-2-29）。

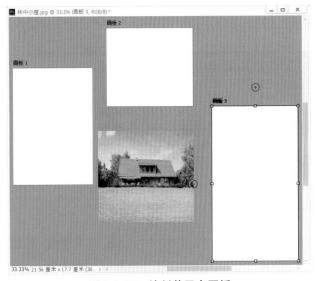

图 2-2-28　绘制若干个画板　　　　　　图 2-2-29　常用设备的尺寸

（3）编辑完成后，对图片进行储存，选择"文件"—"导出"—"导出为"命令（如图2-2-30）。

图 2-2-30   选择"导出为"命令

（4）打开"导出为"命令，查看"导出为"对话框设置（如图 2-2-31）。

（5）单击   全部导出...   按键，选择储存路径（如图 2-2-32）。

图 2-2-31   "导出为"对话框设置

图 2-2-32   选择储存路径

（6）进入相应文件夹，查看最终结果（如图 2-2-33）。

画板 1

画板 2

画板 3

图 2-2-33   储存结果

2.2   框选工具

框选工具 ⬚ ：一种选择工具，可以通过鼠标在图像中拖动创建选区。当选择"框选工具"后,"属性栏"(如图 2-2-34)也随之变化。

图 2-2-34 框选工具属性栏

新选区:可以创建一个新的选区。

添加到选取:在原有选区的基础上,增加一个选区,也就是将原选区扩大。

从选区减去:在原选区的基础上剪掉一部分选区。

与选区交叉:执行的结果就是得到两个选区相交的部分。

羽化:实际上就是选区的虚化值,羽化值越高,选区越模糊。

消除锯齿:只有在使用椭圆选框工具时,这个选项才可以使用,它决定选区的边缘光滑与否。

样式:对于矩形选框工具、圆角矩形选框工具或椭圆选框工具,在选项栏中选取一个样式。

正常:通过拖动确定选框比例。

固定长宽比:设置高宽比。

固定大小:选框的高度和宽度指定固定的值。

2.2.1 框选工具的实际操作

(1)在 Photoshop 中打开素材"木屋",使用"框选工具" 对图片进行框选(如图 2-2-35)。

(2)在进行框选的时候按住键盘 Shift 键再框选,建立一个正方形选区(如图 2-2-36);按住键盘 Alt 键再框选,是以鼠标位置为中心,建立向四周放射的选区(如图 2-2-37);按住键盘"Shift+Alt"键再框选,建立一个以鼠标位置为中心,向四周放射的正方形选区(如图 2-2-38)。

图 2-2-35 框选素材

图 2-2-36 正方形选区

图 2-2-37　放射状选区　　　　　　　　图 2-2-38　放射状正方形选区

（3）可以对框选的选区进行图像的编辑，但不会影响选区外的图像（如图 2-2-39），选择"图像"—"调整"—"亮度 / 对比度"命令（如图 2-2-40）。

图 2-2-39　编辑选区图像　　　　　　　图 2-2-40　"亮度 / 对比度"命令

（4）也可以使用"移动工具"对选区的位置进行移动（如图 2-2-41），不仅如此，还可以使用多种工具对选区内的图像进行编辑，这里就不一一举例说明了。

图 2-2-41　移动选区的位置

2.2.2　框选工具的属性栏

在框选工具的属性栏中,包含几种选区重叠模式:新选区、添加到选区、从选区减去、与选区交叉(如图 2-2-42)。

(1)"新选区"  为默认选项(如图 2-2-43),即在素材"木屋"中为大家介绍的内容。

图 2-2-42　框选工具重叠模式

图 2-2-43　默认选项

(2)使用"添加到选区"时,先单击属性栏中 图标,再到面板绘制两个选区(如图 2-2-44),得到最终选区(如图 2-2-45)。

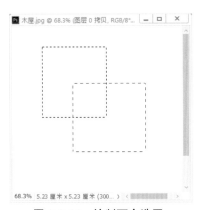

图 2-2-44　绘制两个选区

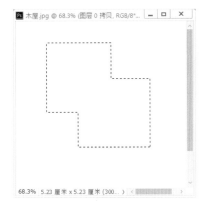

图 2-2-45　最终选区

(3)使用"从选区减去"时,先单击属性栏中 图标,再到面板绘制两个选区(如图 2-2-46),得到最终选区(如图 2-2-47)。

图 2-2-46　绘制两个选区　　　　　　　　图 2-2-47　最终选区

（4）使用"与选区交叉"时，先单击属性栏中  图标，再到面板绘制两个选区（如图 2-2-48），得到最终选区（如图 2-2-49）。

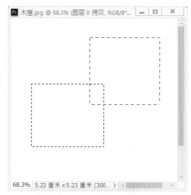

图 2-2-48　绘制两个选区　　　　　图 2-2-49　最终选区

2.2.3　框选工具的隐藏命令

（1）在 Photoshop 中，单击右键选择"框选工具" ⬚，显示出隐藏命令（如图 2-2-50）。

（2）选择"椭圆选框工具" ○，"椭圆选框工具"（如图 2-2-51）与"矩形框选工具"的使用方法基本一致，可以参考"矩形框选工具"的使用方法。

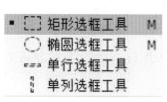

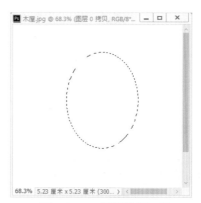

图 2-2-50　隐藏命令　　　　　图 2-2-51　椭圆选框工具

（3）打开素材"天马"，使用"单行选框工具" ▭▭ （"单列选框工具" ▯ 使用方法与"单行选框工具" ▭▭ 相同）进行选择（如图 2-2-52），放大（快捷键为键盘"Alt"键＋鼠标滚轮键）图片后选择到一行像素（如图 2-2-53）。

图 2-2-52　使用单行选框工具进行选择

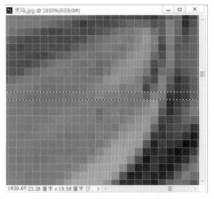
图 2-2-53　选择到一行像素

2.3　套索工具

套索工具 ⌐。：最基本的选择工具，在处理图像中起着重要的作用。当选择"套索工具"后，"属性栏"也随之变化（如图 2-2-54）。

图 2-2-54　套索工具属性栏

新选区：可以创建一个新的选区。

添加到选区：在原有选区的基础上，继续增加一个选区，也就是将原选区扩大。

从选区减去：在原选区的基础上剪掉一部分选区。

与选区交叉：执行的结果就是得到两个选区相交的部分。

羽化：实际上就是选区的虚化值，羽化值越高，选区越模糊。

消除锯齿：只有在使用椭圆选框工具时，这个选项才可以使用，它决定选区的边缘光滑与否。

2.3.1　套索工具的实际操作

（1）打开素材"花瓣"（如图 2-2-55），单击图层 🔒，为图片解锁（如图 2-2-56）。

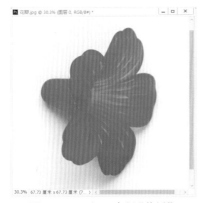
图 2-2-55　打开素材"花瓣"

图 2-2-56　为图片解锁

（2）选择"套索工具" ，按住鼠标左键沿着花瓣形状滑动，选择一片花瓣（如图2-2-57）。

（3）选择"图层"—"新建"—"通过拷贝的图层"命令，将选择的花瓣提取到另一个图层之中（如图2-2-58）。

图 2-2-57　选择花瓣　　　　　　　图 2-2-58　"通过拷贝的图层"命令

（4）得到一个独立的花瓣图层（如图2-2-59），可以根据需要对其进行编辑与调节，"套索工具"也是抠图时常用的工具。

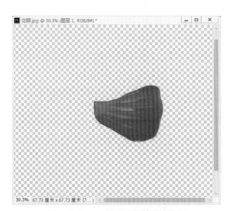

图 2-2-59　独立的花瓣图层

2.3.2　套索工具的属性栏

（1）套索工具的属性栏中包含"羽化"选项（如图2-2-60），默认为 0 像素。在素材"草地"上使用"套索工具"随意绘制一个选区（如图2-2-61）。

羽化: 0 像素

图 2-2-60　羽化选项　　　　　　　　　　　图 2-2-61　选择区域

（2）选择"图层"—"新建"—"通过拷贝的图层"命令,将选择的区域提取到另一个图层即图层 1 之中,并观察此区域的边缘无任何变化（如图 2-2-62）。

（3）将属性栏中"羽化"选项默认的 0 像素调整为 20 像素（如图 2-2-63）,再重新选择一个区域。

羽化: 20 像素

图 2-2-62　观察边缘　　　　　　　　　　　图 2-2-63　羽化为 20 像素

（4）选择"图层"—"新建"—"通过拷贝的图层"命令将其提取到图层 2 之中（如图 2-2-64）。

（5）单击"背景"显示 👁 ,只显示"图层 1"和"图层 2",对比两者的效果（如图 2-2-65）。

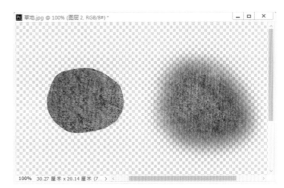

图 2-2-64　提取到图层 2 之中　　　　　　　图 2-2-65　不同羽化数值的效果

2.3.3　套索工具的隐藏命令

（1）在 Photoshop 中，单击右键选择"套索工具" ，显示出隐藏命令（如图 2-2-66）。

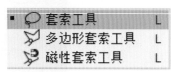

图 2-2-66　隐藏命令

（2）打开素材"花瓣"，选择 "多边形套索工具"（"多边形套索工具"是使用鼠标单击图像边缘绘制选区，操作简单，准确率高）进行一片花瓣的选择（如图 2-2-67）。

（3）"磁性套索工具" 也是一个使用率较高的工具，只需单击一个起始点，然后滑动鼠标，选区将会自动吸附到图像边缘（如图 2-2-68）。

图 2-2-67　使用"多边形套索工具"选择花瓣　　　图 2-2-68　使用"磁性套索工具"选择花瓣

2.4　快速选择工具

快速选择工具 ：可以迅速选中图像中所需要的区域。当选择"快速选择工具"后，"属性栏"会发生变化（如图 2-2-69）。

图 2-2-69　快速选择工具属性栏

新选区：可以创建一个新的选区。

添加到选区：在原有选区的基础上，继续增加一个选区，也就是将原选区扩大。

从选区减去：在原选区的基础上剪掉一部分选区。

打开画笔选项：调节画笔直径尺寸的命令。

对所有图层取样：勾选后，默认为所有图层为同一个图层，对其进行编辑；不勾选，编辑一个图层时，不会影响另一个图层。

自动增强：自动优化边缘，减少色斑与不平滑。

2.4.1　快速选择工具的实际操作

（1）打开素材"白玫瑰"（如图 2-2-70），单击图层 🔒 为图片解锁。

（2）选择"快速选择工具" ✏️，按住鼠标左键进行拖动，自动将白玫瑰图像选取出来（如图 2-2-71）。

图 2-2-70　打开素材"白玫瑰"

图 2-2-71　自动选取图像

（3）这时可以按键盘"Delete"键删除选择区域，保留白玫瑰图像（如图 2-2-72），若有瑕疵再使用"快速选择工具" ✏️ 再次选择（如图 2-2-73），直至效果满意为止（如图 2-2-74）。

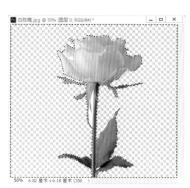

图 2-2-72　保留白玫瑰图像

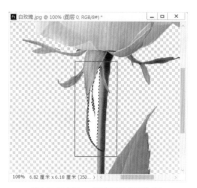

图 2-2-73　继续进行选择

图 2-2-74　最终效果

2.4.2　快速选择工具的属性栏

（1）快速选择工具的属性栏包含"新选区""添加到选区""从选区减去"三个选项（如图 2-2-75）。

图 2-2-75　快速选择工具的属性栏

（2）打开素材"柠檬"，使用"快速选择工具"，单击"新选区"  进行选择（如图 2-2-76），发现叶子的选择有一些瑕疵。

（3）使用"从选区减去"命令 修改（如图 2-2-77），问题有所解决，但是瑕疵依然存在。

（4）使用"添加到选区"命令 修改，最终得到满意的效果（如图 2-2-78）。

图 2-2-76　新选区命令

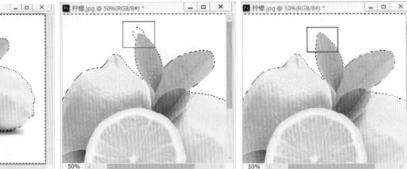
图 2-2-77　选择"从选区减去"命令

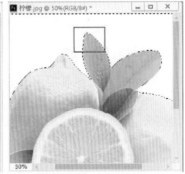
图 2-2-78　问题得到解决

（5）"打开画笔选项" 的作用就是调节画笔尺寸的大小（如图 2-2-79），通常一张图片内需要选择的图像较大较多时，就将画笔工具数值调大（如图 2-2-80），反之调小（如图 2-2-81）。

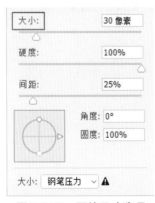
图 2-2-79　画笔尺寸选项

图 2-2-80　画笔 500 像素

图 2-2-81　画笔 30 像素

2.4.3　快速选择工具的隐藏命令

（1）在 Photoshop 中，单击右键选择"快速选择工具" ，显示出隐藏命令（如图 2-2-82）。

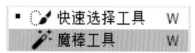

图 2-2-82　隐藏命令

（2）"魔棒工具" 是 Photoshop 中一种非常简便快捷的抠图工具，对于一些分界线比较明显的图像，通过魔棒工具可以很快速地将图像抠出，打开素材"康乃馨"并解锁（如图 2-2-83）。

（3）选择"魔棒工具" ，在空白处进行单击，发现左下方区域未被选择（如图 2-2-84）。

图 2-2-83　素材"康乃馨"

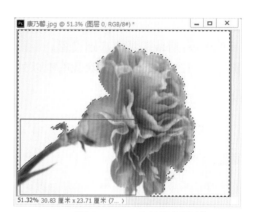
图 2-2-84　未被选择区域

（4）选择"属性栏"—"添加到选区" ，再选择左下方区域（如图 2-2-85）。

（5）按键盘"Delete"键，得到所需图像（如图 2-2-86）。

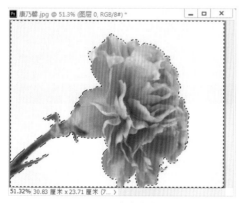
图 2-2-85　选中全部区域

图 2-2-86　最终结果

2.5　裁剪工具

裁剪工具  ：就如同我们用的裁纸刀，可以对图像进行裁切，用户用鼠标对着节点进行缩放、旋转，使图像文件的尺寸发生变化。当选择"裁剪工具"后，"属性栏"也随之变化（如图 2-2-87）。

图 2-2-87　框选工具属性栏

比例、设置裁剪框长宽比：可输入固定的数值，直接完成图像的裁切。

清除：清除现有的裁切尺寸，以便重新输入。

拉直：矫正图片水平位置。

叠加选项：图像构图的样式。

其他选项：剪裁工具的基础设置。

删除裁剪的像素：是否删除裁剪框以外的图像。

2.5.1　裁剪工具的实际操作

（1）在 Photoshop 中打开素材"窗口"并解锁，使用"裁剪工具"  对图片进行选择（如图 2-2-88）。

（2）使用"裁剪工具"  对窗口以内的图像进行选择（如图 2-2-89）。

（3）此时，如果对选择的范围不满意，可以按住鼠标左键对选区进行调节（如图 2-2-90），按住键盘 Shift 键与鼠标左键可等比例调节选区范围（如图 2-2-91）。

图 2-2-88　素材"窗口"

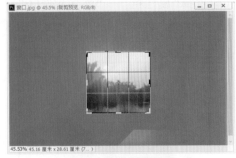

图 2-2-89　选择图像

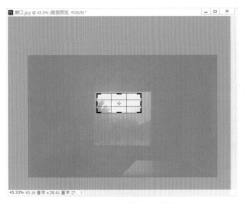

图 2-2-90　调节选区范围

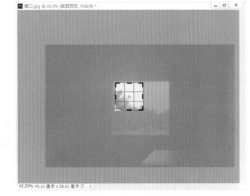

图 2-2-91　等比例调节

（4）按键盘"回车"键确定选择范围，最终窗口图像效果如图 2-2-92 所示。

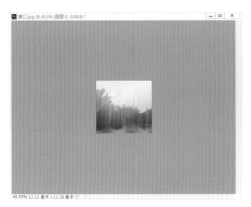

图 2-2-92　最终效果

2.5.2　裁剪工具的属性栏

（1）在裁剪工具的属性栏中，有"拉直""叠加选项""其他选项"命令（如图 2-2-93）。

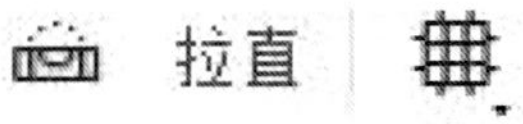

图 2-2-93　裁剪工具属性栏

（2）打开素材"夕阳"观察图片，发现图片是倾斜的（如图 2-2-94）。

（3）先单击"拉直" 命令，沿着图片倾斜方向画出一条直线（如图 2-2-95），得到一张"校正"的图片（如图 2-2-96）。

（4）按键盘"回车"键确定选择范围，最终窗口图像效果如图 2-2-97 所示。

图 2-2-94　素材"夕阳"

图 2-2-95　拉直图片

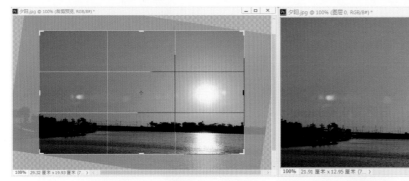

图 2-2-96　水平图片　　　　　　　　图 2-2-97　最终图像效果

（5）叠加选项是一种方便快捷的调整构图样式的命令，包含三等分、网格、对角、三角形、黄金比例、金色螺线六种（如图 2-2-98）。

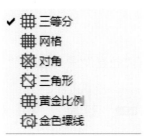

图 2-2-98　调整构图样式的种类

（6）先选择"三等分"构图，再选择"裁剪工具 "框选图片，有九个格子作为参考，调节选框周边的控制点，确定选择范围（如图 2-2-99）。

（7）先选择"网格"构图，再选择"裁剪工具 "框选图片，利用网格作为参考，调节选框周边的控制点，确定选择范围（如图 2-2-100）。

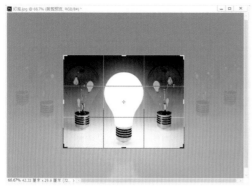
图 2-2-99　三等分构图

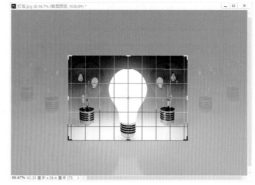
图 2-2-100　网格构图

（8）先选择"对角"构图，再选择"裁剪工具 "框选图片，利用对角线的十字相交的中心点作为参考，调节选框周边的控制点，确定选择范围（如图 2-2-101）。

（9）先选择"三角形"构图，再选择"裁剪工具 "框选图片，利用两个三角形的垂直线的距离作为参考，调节选框周边的控制点，确定选择范围（如图 2-2-102）。

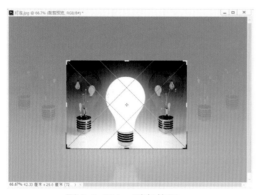
图 2-2-101　对角构图

图 2-2-102　三角形构图

（10）先选择"黄金比例"构图，再选择"裁剪工具 "框选图片，利用中间格子作为参考，调节选框周边的控制点，确定选择范围（如图 2-2-103）。

（11）先选择"金色螺线"构图，再选择"裁剪工具 "框选图片，利用螺旋线作为参考，调节选框周边的控制点，确定选择范围（如图 2-2-104）。

图 2-2-103　黄金比例构图

图 2-2-104　金色螺线构图

2.5.3　裁剪工具的隐藏命令

（1）在 Photoshop 中，单击右键选择"框选工具" 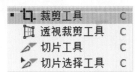，显示出隐藏命令（如图 2-2-105）。

图 2-2-105　显示出隐藏命令

（2）打开素材"大桥"（如图 2-2-106），选择"透视裁剪工具" 进行框选，出现网格（如图 2-2-107）。

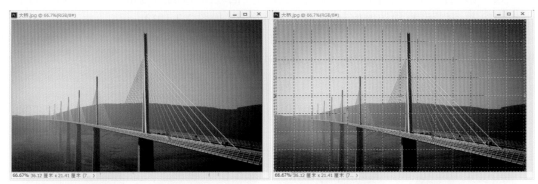

图 2-2-106　素材"大桥"　　　　　　　　图 2-2-107　出现网格

（3）通过调节网格周边的八个控制点，建立好与图片的透视关系（如图 2-2-108）。

（4）按键盘"回车"键确定选择范围，最终窗口图像效果如图 2-2-109 所示。

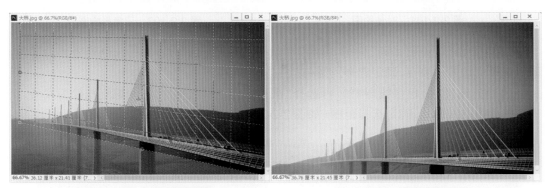

图 2-2-108　处理透视关系　　　　　　　　图 2-2-109　最终图像效果

（5）"切片工具" 主要针对网页美工设计使用，将一个完整的网页切割成许多小片以便上传，然后进行细致的处理（如图 2-2-110）。

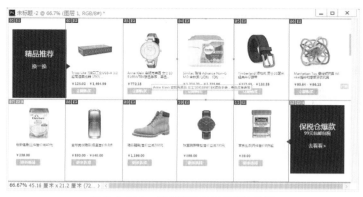

图 2-2-110   使用"切片工具"的效果

（6）"切片选择工具"  是编辑已经被切片生成序号的图片,属性栏也随之改变（如图 2-2-111）,其属性栏命令可以参考移动工具属性栏命令。

图 2-2-111   切片选择工具属性栏

（7）将图片编辑完成,选择"文件"—"导出"—"存储为 Web 所用格式"（如图 2-2-112）。

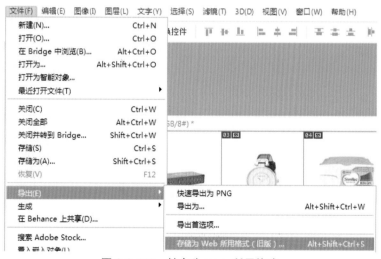

图 2-2-112   储存为 Web 所用格式

（8）打开"存储为 Web 所用格式"对话框,单击 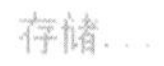 存储 存储文件（如图 2-2-113）。

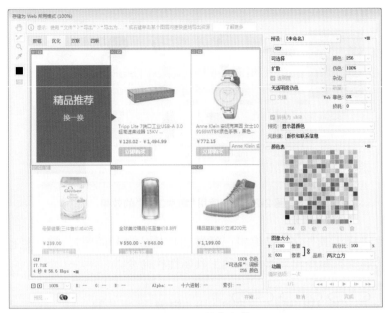

图 2-2-113　储存文件

（9）选择储存路径（如图 2-2-114）。

图 2-2-114　选择储存路径

（10）保存完成，最终效果如图 2-2-115 所示。

图 2-2-115　最终效果

3　装饰工具

　　"装饰工具"不是特指某一个具体的工具,而是工具栏中几个工具的统称,包括"修补工具""红眼工具""修复画笔工具"等。这些工具可以帮助用户更加完美地处理图片,既能增加图片的鲜艳程度,也能消除瑕疵,提升图片的美感。

3.1　污点修复画笔工具

　　污点修复画笔工具 ![icon]. 的操作空间很大,可以快速移去图片中的污点和其他不理想部分。当选择"污点修复画笔工具"后,"属性栏"也随之变化(如图 2-3-1)。

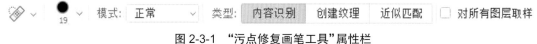

图 2-3-1　"污点修复画笔工具"属性栏

　　画笔选项:主要用于调节污点修复画笔工具的大小、硬度、间距。
　　模式:污点修复画笔与其他图层结合的方式。
　　类型:三种去除污点的计算方式(通常使用"内容识别"选项)。
　　对所有图层取样:勾选,即对所有图层进行修复;不勾选,则反之。

3.1.1　污点修复画笔工具的实际操作

　　(1)在 Photoshop 中将素材"女人"打开(如图 2-3-2)。

图 2-3-2　打开素材"女人"

（2）选择污点修复画笔工具 ✎ ，检查"属性栏"的"类型"是否选择有"内容识别"（如图 2-3-3）。

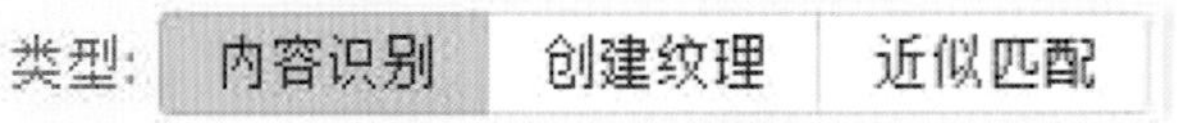

类型：　内容识别　　创建纹理　　近似匹配

图 2-3-3　选择内容识别类型

（3）单击素材"女人"图片上有瑕疵的地方（如图 2-3-4）。

（4）瑕疵全部消失了，而且修复得毫无痕迹（如图 2-3-5）。

图 2-3-4　单击有瑕疵的地方

图 2-3-5　最终效果

3.1.2　污点修复画笔工具的属性栏

（1）在 Photoshop 中打开素材"男人"（如图 2-3-6）。

（2）选择"污点修复画笔工具"调节画笔选项 ● 44 ∨ （如图 2-3-7）。

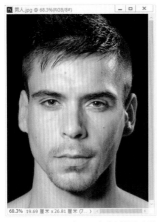

图 2-3-6 打开素材"男人"

如图 2-3-7 画笔选项

（3）调节各个选项（如图 2-3-8），其中"大小"是画笔直径，"硬度"是画笔的羽化度，"间距"是画笔的连续性，"角度"是画笔的方向，"圆度"是画笔的形状（如图 2-3-9）。

（4）图片编辑的最终效果（如图 2-3-10）。

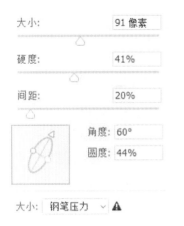

图 2-3-8 调节各个选项

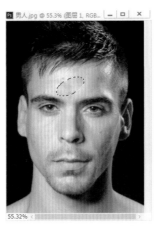

图 2-3-9 调解后的画笔

图 2-3-10 最终效果

3.1.3 污点修复画笔工具的隐藏命令

（1）在 Photoshop 中，单击右键选择"污点修复画笔工具" ，显示出隐藏命令（如图 2-3-11）。

（2）"修复画笔工具" 与"污点修复画笔工具" 虽在同一组，但还是有很大区别的，首先选择"属性栏"—"源"—"取样"选项（如图 2-3-12）。

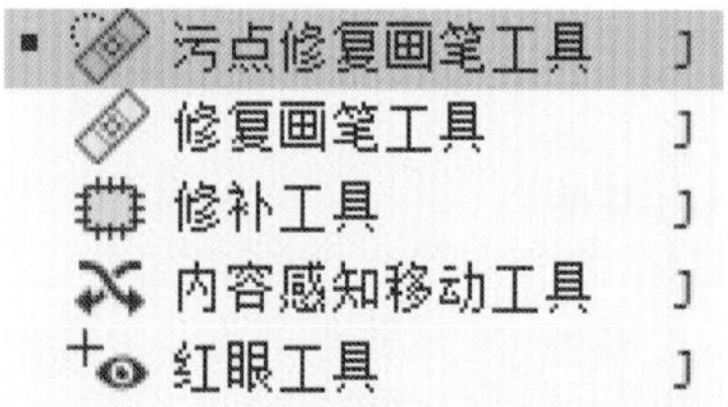

图 2-3-11　污点修复画笔工具隐藏命令 　　　　图 2-3-12　"取样"选项

（3）打开素材"老人"（如图 2-3-13），使用"修复画笔工具"　（必须按住键盘"Alt"键选择较好的图像作为取样点）。

（4）使用"修复画笔工具"　，单击需要修复的图像位置，最终得到图片效果如图 2-3-14所示。

图 2-3-13　打开素材"老人"

图 2-3-14　最终效果

（5）"修补工具"　可以快速方便地修改有裂痕或污点等有缺陷的图像，"属性栏"中有"源"和"目标"两种选择（如图 2-3-15），这两种选择效果不同。

图 2-3-15　"源"和"目标"两种选项

（6）打开素材"草地"，选择"修补工具"　，使用"源"选项（如图 2-3-16）。

（7）使用"修补工具"　框选"花朵"，然后拖动"花朵"到草地中（如图 2-3-17）。

图 2-3-16 打开素材"草地" 图 2-3-17 选择并且拖动"花朵"

（8）将草地修补完成，"花朵"消失，只有草地（如图 2-3-18）。

（9）选择"属性栏"中"目标"选项（如图 2-3-19）。

 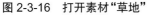

图 2-3-18 最终效果 图 2-3-19 "目标"选项

（10）打开素材"草地"，使用"修补工具" ，选择"花朵"（如图 2-3-20）。

（11）拖动"花朵"到草地中，最终结果是将"花朵"复制粘贴到草地上，并且周边的融合效果非常好（如图 2-3-21）。

图 2-3-20 选择花朵 图 2-3-21 最终效果

（12）"内容感知移动工具"  是一个很好的修图工具，可以帮助我们解决一些复杂问题，使用"内容感知移动工具"将"属性栏"中"模式"选择"移动"，"结构"选择"2"（如图2-3-22）。

模式：移动 ∨   结构：2 ∨

图 2-3-22   属性栏的选择

（13）打开素材"山下"，使用"内容感知移动工具"  选择"人物"（如图 2-3-23）。

（14）向右侧拖动"人物"，可以发现"人物"发生变化，但是背景融合得很好（如图 2-3-24）。

图 2-3-23   打开素材"山下"

图 2-3-24   最终效果

（15）"红眼工具"  是针对消除相片中"红眼"问题而设置的命令，打开素材"红眼"（如图 2-3-25）。

（16）使用"红眼工具"  对图片人物"红眼"进行框选（如图 2-3-26）。

图 2-3-25   打开素材"红眼"

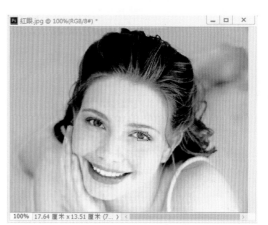

图 2-3-26   框选红眼

（17）"红眼"被消除（如果编辑一次效果不理想，可进行多次编辑），得到最终效果（如图 2-3-27）。

图 2-3-27　最终效果

3.2　仿制图章工具

仿制图章工具 ：主要用来复制取样图像，能够准确复制全部或者部分图像到一个新的图像中。当选择"仿制图章工具"后，"属性栏"也随之变化（如图 2-3-28）。

图 2-3-28　"仿制图章工具"属性栏

画笔选项：主要用于调节污点修复画笔工具的大小、硬度等。

切换仿制源面板：关于仿制图章的"形状动态""散布""纹理"等设置。

模式：仿制图章工具与其他图层合成的方式。

不透明度：调节仿制图章工具透明度大小。

流量：调节仿制图章工具的流动速率。

对齐：取样点是否对齐原图像。

样本：选择取样图层。

3.2.1　仿制图章工具的实际操作

（1）在 Photoshop 中将素材"水面"打开（如图 2-3-29）。

（2）选择"仿制图章工具" ，单击"画笔预设" ，将"大小"的数值调整为 400 像素（如图 2-3-30）。

图 2-3-29　打开素材"水面"

图 2-3-30　调节"画笔预设"

（3）按住键盘"Alt"键，用鼠标左键单击水面进行取样（如图 2-3-31）。

（4）将鼠标对齐"飞鸟"进行涂抹，"飞鸟"被覆盖（如图 2-3-32）。

图 2-3-31　进行水面图像取样

图 2-3-32　最终效果

（5）也可以对"飞鸟"进行取样，然后单击水面（如图 2-3-33）。

（6）将鼠标对齐"水面"进行涂抹，出现另一只"飞鸟"（如图 2-3-34）。

图 2-3-33　对飞鸟进行取样

图 2-3-34　最终效果

3.2.2　仿制图章工具的属性栏

（1）选择"仿制图章工具" 🖋 的属性栏中的"样本"，选项包含"当前图层""当前和下方图层""所有图层"三种模式(如图 2-3-35)。

图 2-3-35　"仿制图章工具"样本模式

(2)选择"样本"—"当前图层",即只能在当前选择的图层进行仿制图章工具的操作,
打开素材"金"和"银",使用"移动工具"✛,将它们叠放在一起(如图 2-3-36)

(3)选择"编辑"—"自由变换"命令,缩小素材"银"(如图 2-3-37)。

图 2-3-36　打开素材"金"和"银"

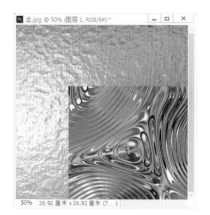

图 2-3-37　缩小素材"银"

(4)选择"属性栏"—"样本"—"当前图层"命令(如图 2-3-38)。

图 2-3-38　选择"当前图层"

(5)选择"仿制图章工具"♣,按键盘"Alt"键在素材"银"上进行取样(只能在选择的
图层上取样),再进行仿制涂抹(如图 2-3-39),最终得到结果(如图 2-3-40)。

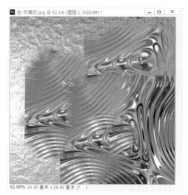

图 2-3-39　仿制涂抹

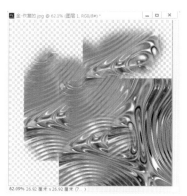

图 2-3-40　最终结果

（6）选择"属性栏"—"样本"—"当前和下方图层"命令（如图 2-3-41）。

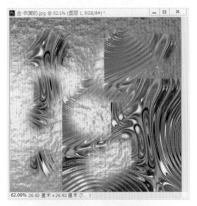

图 2-3-41　选择"当前和下方图层"

（7）选择"仿制图章工具" ，按键盘"Alt"键在素材"银"上进行取样（既能在选择的图层上取样，也能在下一个图层取样），再进行仿制涂抹（如图 2-3-42），最终得到结果（如图 2-3-43）。

<table>
<tr><td></td><td>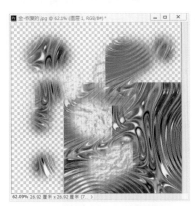</td></tr>
<tr><td>图 2-3-42　仿制涂抹</td><td>图 2-3-43　最终效果</td></tr>
</table>

（8）选择"属性栏"—"样本"—"所有图层"命令（如图 2-3-44）。

图 2-3-44　选择"所有图层"

（9）打开素材"铁"，使用"移动工具" 将它放到最上层（如图 2-3-45），选择"编辑"—"自由变换"命令，缩小素材"铁"（如图 2-3-46）。

<table>
<tr><td></td><td>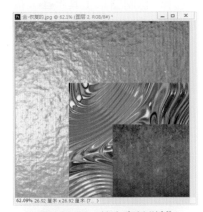</td></tr>
<tr><td>图 2-3-45　打开素材"铁"</td><td>图 2-3-46　缩小素材"铁"</td></tr>
</table>

（10）选择"图层 1"，再选择"仿制图章工具"，按键盘"Alt"键在素材"银"上进行取样（三个图层都可以进行取样），再进行仿制涂抹（如图 2-3-47），最终得到结果如图 2-3-48 所示。

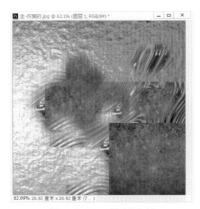
图 2-3-47 仿制涂抹

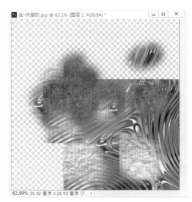
图 2-3-48 最终效果

3.2.3 仿制图章工具的隐藏命令

（1）在 Photoshop 中，单击右键选择"仿制图章工具"，显示出隐藏命令（如图 2-3-49）。

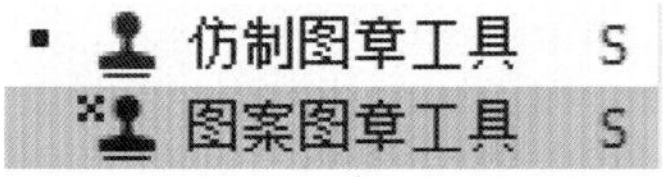

$$\boxed{\begin{array}{ll} \text{仿制图章工具} & S \\ \text{图案图章工具} & S \end{array}}$$

图 2-3-49 仿制图章工具隐藏命令

（2）"图案图章工具"可以利用图案进行绘画，可以从图案库中选择图案或者自己创建图案，打开素材"湖面"（如图 2-3-50）

图 2-3-50 打开素材"湖面"

（3）选择"图案图章工具"  "属性栏"，将"笔刷预设"调整为"200 像素" 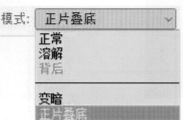（如图
2-3-51），"模式"调为"正片叠底" 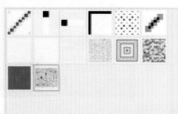（如图 2-3-52），"图案"调为"黄
菊" （如图 2-3-53），最终得到结果如图 2-3-54 所示。

图 2-3-51　笔刷预设　　　　　　图 2-3-52　正片叠底　　　　　　图 2-3-53　黄菊

图 2-3-54　最终效果

3.3　橡皮擦工具

橡皮擦工具 用于擦除图像，擦去不需要的图像部分，保留需要的图像。当选择"橡
皮擦工具"后，"属性栏"也随之变化（如图 2-3-55）。

图 2-3-55　橡皮擦工具属性栏

画笔选项：主要用于调节橡皮擦工具的大小、硬度等。

画笔设置：关于橡皮擦工具的"形状动态""散布""纹理"等设置。

模式：橡皮擦工具与其他图层合成的方式。

不透明度：调节橡皮擦工具透明度大小。

流量：调节橡皮擦工具的流动速率。

平滑：减少描边的抖动。

抹到历史记录：恢复图片原始状态。

对称选项：镜像对称的类型。

3.3.1　橡皮擦工具的实际操作

（1）在 Photoshop 中打开素材"卡通"（如图 2-3-56），双击右侧"图层"面板的锁形图标 🔒 ，解除锁定（如图 2-3-57），在"新建图层"对话框单击"确定"按钮（如图 2-3-58）。

（2）使用"橡皮擦工具" 🖌 对图片背景进行擦除，最终得到一张背景为透明的卡通头像（如图 2-3-59）。

图 2-3-56　打开素材"卡通"

图 2-3-57　双击锁型图标

图 2-3-58　单击"确定"按钮

图 2-3-59　最终效果

3.3.2　橡皮擦工具的属性栏

（1）打开素材"图案"（如图 2-3-60），并对素材进行解锁，选择"橡皮擦工具" 。

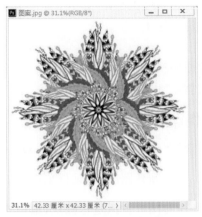

图 2-3-60　打开素材"图案"

（2）选择"橡皮擦工具" ⌕ 的"属性栏"中的对称图标 （如图 2-3-61）。

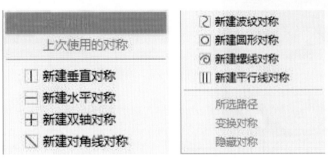

图 2-3-61　对称类型

（3）选择"新建垂直对称" ，素材"图案"上出现"对称路径"，可以通过"对称路径"旋转方向，若不进行变化则按键盘"回车"键（如图 2-3-62）。

图 2-3-62　对称路径

（4）使用"橡皮擦工具" 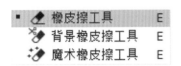 进行擦除，"橡皮擦工具"在"对称路径"左右两边同时进行擦除（如图 2-3-63）。

（5）擦除完成，最终效果如图 2-3-64 所示。

图 2-3-63　左右镜像擦除

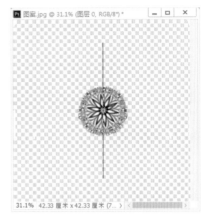

图 2-3-64　最终效果

3.3.3　橡皮擦工具的隐藏命令

（1）在 Photoshop 中，单击右键选择"橡皮擦工具" ，显示出隐藏命令（如图 2-3-65）。

（2）打开素材"柠檬"（如图 2-3-66），选择"背景橡皮擦工具" ，可以使背景变为透明。

图 2-3-65　橡皮擦工具隐藏命令

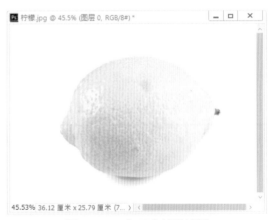

图 2-3-66　打开素材"柠檬"

（3）在"背景橡皮擦工具" 的"属性栏"中选择"画笔预设" ，调整为"100 像素"（如图 2-3-67），"取样一次" （如图 2-3-68）与限制"不连续" （如图 2-3-69）。

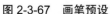

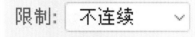

图 2-3-67　画笔预设　　　　　图 2-3-68　取样一次　　　　　图 2-3-69　不连续

（4）使用"背景橡皮擦工具" 进行擦除（如图 2-3-70）。（注意：按住鼠标左键擦除，即使擦除到柠檬图像也没关系，但是不能二次单击鼠标擦除）。

（5）擦除完成，最终效果如图 2-3-71 所示。

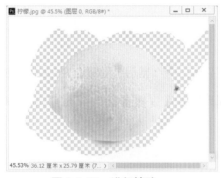

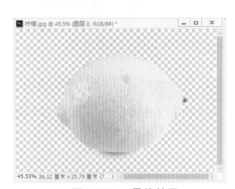

图 2-3-70　进行擦除　　　　　　　　　图 2-3-71　最终效果

（6）使用"魔术橡皮擦工具" 单击图像时，相近颜色会被同时擦除，类似"魔棒工具" ，打开素材"水果"（如图 2-3-72）。

（7）在素材"水果"图层单击"魔术橡皮擦工具" ，背景色会被消除，最终效果如图 2-3-73 所示。

图 2-3-72　打开素材"水果"　　　　　　　图 2-3-73　最终效果

3.4　模糊工具

　　模糊工具 ○. 是一种通过笔刷使图像变模糊的工具,用来改变景深,使图片产生主次分明的效果,当选择"模糊工具"后,"属性栏"也随之变化(如图 2-3-74)。

图 2-3-74　"模糊工具"属性栏

　　画笔选项:主要用于调节模糊工具的大小、硬度等。
　　画笔设置:关于模糊工具的"形状动态""散布""纹理"等设置。
　　模式:模糊工具与其他图层合成的方式。
　　强度:模糊工具的力度大小。

3.4.1　模糊工具的实际操作

　　(1)在 Photoshop 中打开素材"街景",选择"模糊工具" ○.(如图 2-3-75)。

　　(2)在"模糊工具" ○. 的"属性栏"中将"画笔选项""大小"调节为"300 像素"(如图2-3-76),"强度"调节为"100%"(如图 2-3-77)。

图 2-3-75　打开素材"街景"

图 2-3-76　调节画笔选项

　　(3)对距离鸽子较远的图像进行涂抹,注意不能涂抹到鸽子(如图 2-3-78)。

强度: 100% ∨

图 2-3-77　调节强度　　　　　　　　　　**图 2-3-78　涂抹远处图像**

（4）再次调节"属性栏"的"强度"为"60"（如图 2-3-79），对距离鸽子较近的图像进行涂抹，注意不能涂抹到鸽子，涂抹完成，得到最终结果如图 2-3-80 所示。

强度：60

图 2-3-79　调节强度　　　　　　　　　　图 2-3-80　最终效果

3.4.2　模糊工具的属性栏

（1）将素材"小镇"和"红门"打开，使用"移动工具"把两个素材叠放在一起（如图 2-3-81）。

（2）在"属性栏"中勾选"对所有图层取样"，即可对所图层同时进行模糊处理；反之，则不可以对所有图层同时进行模糊处理（如图 2-3-82）。

☑ 对所有图层取样

图 2-3-81　叠放素材"小镇"与"红门"　　　　图 2-3-82　对所有图层取样

（3）使用"模糊工具" ○ 可以对两张素材同时进行模糊处理（如图 2-3-83）。

图 2-3-83　最终效果

3.4.3　模糊工具的隐藏工具

（1）在 Photoshop 中，单击右键选择"模糊工具" ，显示出隐藏命令（如图 2-3-84）。

（2）打开素材"草莓"（如图 2-3-85），选择"锐化工具" ，它的作用与模糊工具正相反，是一种使图像色彩锐化的工具，能增大像素间的反差。

图 2-3-84　"模糊工具"隐藏命令　　　　　图 2-3-85　打开素材"草莓"

（3）在"锐化工具" 的"属性栏"中不勾选"保护细节"进行图像锐化（如图 2-3-86）。

（4）在"锐化工具" 的"属性栏"中勾选"保护细节"进行图像锐化（如图 2-3-87）。

图 2-3-86　未勾选"保护细节"　　　　　图 2-3-87　勾选"保护细节"

（5）打开素材"花展"（如图 2-3-88），选择"涂抹工具" ，可呈现类似用手指在未干的油墨上擦过的效果，也就是说笔触周围的像素将随笔触一起移动。

（6）使用"涂抹工具" 进行涂抹得到的效果如图 2-3-89 所示。

图 2-3-88   打开素材"花展"

图 2-3-89   涂抹效果

（7）勾选"涂抹工具" 中的"手指绘画"选项（如图 2-3-90），进行涂抹（如图 2-3-91）。

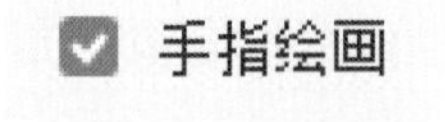

☑ 手指绘画

图 2-3-90   手指绘画

图 2-3-91   手指涂抹效果

（8）"手指绘画"的颜色是根据"前景色" 确定的，其涂抹的连续性是由"强度"决定的，将"前景色" 颜色改变为黑色，"强度"调节为 90%（如图 2-3-92），进行涂抹（如图 2-3-93）。

强度: 90% ⌄

图 2-3-92   调节强度

图 2-3-93   最终效果

3.5   减淡工具

减淡工具 可以对图像中某一部分进行加亮，使之更为突出、明显，但是颜色会随之减淡，当选择"减淡工具"后，"属性栏"也随之变化（如图 2-3-94）。

图 2-3-94　"减淡工具"属性栏

画笔预设：主要用于调节模糊工具的大小、硬度等。

画笔设置：用于设置模糊工具的"形状动态""散布""纹理"等。

范围：包含"暗调""中间调""高光"三种，其中"暗调"只作用于图像暗色部分；"中间调"只作用于图像暗色和亮色之间部分；"高光"只作用于图像亮色部分。

曝光度：设置图像曝光的强弱，数值越大，图像越亮。

保护色调：勾选后，颜色过渡更加柔和。

3.5.1　减淡工具的实际操作

（1）在 Photoshop 中打开素材"人像"，选择"减淡工具"（如图 2-3-95）。

（2）在"减淡工具"的"属性栏"中将"画笔选项"的"大小"调节为"400 像素"（如图 2-3-96），"曝光度"调节为"80%"（如图 2-3-97）。

图 2-3-95　打开素材"人像"

图 2-3-96　调节画笔选项

曝光度：80%

图 2-3-97　调节曝光度

（3）对素材"人像"进行涂抹，效果如图 2-3-98 所示。

图 2-3-98　最终效果

3.5.2　减淡工具的属性栏

（1）打开素材"水畔"，选择"减淡工具"🔍（如图 2-3-99）。

（2）在"属性栏"中不勾选"保护色调"（如图 2-3-100），对图像进行减淡处理（如图 2-3-101）。

图 2-3-99　打开素材"水畔"　　　图 2-3-100　不勾选保护色调　　　图 2-3-101　减淡处理图像

（3）在"属性栏"中勾选"保护色调"（如图 2-3-102），对图像进行减淡处理（如图 2-3-103），虽然对这两张图片都进行了极端的减淡处理，勾选"保护色调"还是能更好地处理颜色的过渡。

图 2-3-102　勾选"保护色调"　　　　　　　　　图 2-3-103　最终效果

3.5.3　减淡工具的隐藏工具

（1）在 Photoshop 中，单击右键选择"减淡工具"🔍，显示出隐藏命令（如图 2-3-104）。

图 2-3-104　"减淡工具"隐藏命令

（2）打开素材"蓝天"（如图 2-3-105），选择"加深工具"🖐，它的作用与"减淡工具"相反，能使图像变暗从而加深图像颜色，通常是加深阴影或是暗化高光。

图 2-3-105　打开素材"蓝天"

（3）在"加深工具" ，的"属性栏"中"画笔预设"的"大小"调节为"500 像素"（如图 2-3-106），勾选"保护色调"进行图像加深（如图 2-3-107）。

保护色调

图 2-3-106　调节画笔预设　　　　　　图 2-3-107　勾选"保护色调"

（4）对素材"蓝天"进行加深处理，得到最终效果（如图 2-3-108）。

图 2-3-108　最终效果

（5）"海绵工具" ![image] 主要用于改变图像的色彩饱和度，所以对黑白图片作用不大，在 Photoshop 中打开素材"晚霞"（如图 2-3-109）。

（6）使用"海绵工具" ![image] 进行涂抹，得到一张饱和度很低的效果图片（如图 2-3-110）。

图 2-3-109　打开素材"晚霞"　　　　　　　图 2-3-110　最终效果

3.6　渐变工具

渐变工具 ![image] 是一个十分灵活的工具，可以创作出柔和的过渡效果，很多立体感强烈的图案及背景都经常用它来完成，当选择"渐变工具"后，"属性栏"也随之变化（如图 2-3-111）。

图 2-3-111　"渐变工具"属性栏

编辑渐变：预设渐变的填充样本。

线性渐变 / 径向渐变 / 角度渐变 / 对称渐变 / 菱形渐变：五种渐变的样式。

模式：设置填充颜色的混合模式。

不透明度：调节渐变颜色的透明度大小。

反向：勾选后，改变渐变色的方向。

仿色：勾选后，用较小的色带创建比较平滑的混合效果。

透明区域：勾选后，对渐变填充使用透明蒙版。

3.6.1　渐变工具的实际操作

（1）在 Photoshop 中创建"新建文档"，选择"渐变工具" ![image]（如图 2-3-112）。

（2）选择"渐变工具" ![image] 的"编辑渐变" ![image] ，或是单击"向下箭头" ![image] ，在更多的渐变模式中进行选择（如图 2-3-113）。

图 2-3-112 新建文档

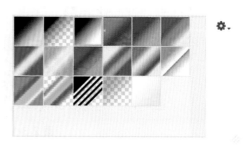

图 2-3-113 渐变模式

（3）确定渐变模式，在"新建文档"中按住鼠标左键同时拖动（如图 2-3-114），得到渐变效果（如图 2-3-115）。

图 2-3-114 创建渐变效果

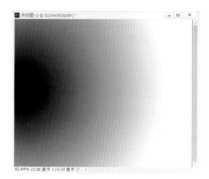

图 2-3-115 渐变效果

（4）如果渐变效果不理想，可单击"编辑渐变"的"拾色框"，在弹出的"渐变编辑器"中进行编辑（如图 2-3-116）。

图 2-3-116 渐变编辑器

（5）渐变编辑器中包含一些设置完成的"渐变模式"，单击这些模式就可以直接使用（如图 2-3-117）。

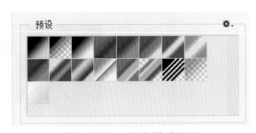

图 2-3-117　渐变模式预设

（6）渐变编辑器下方有一条色带，色带的上下分别有四个色标，可以自定义渐变模式（如图 2-3-118）。

图 2-3-118　自定义渐变模式

（7）色带上面两个"色标"可以调节透明度（如图 2-3-119），下面两个"色标"可以调节颜色（如图 2-3-120）。

图 2-3-119　调节透明度

图 2-3-120　调节颜色

（8）制作一个自定义的渐变颜色，从黄色渐变到红色，黄色不透明，红色半透明，分别单击下面两个"色标"的"颜色"，在弹出的"拾色器"中选择相应颜色（如图 2-3-121 和图 2-3-122），色带发生变化（如图 2-3-123）。

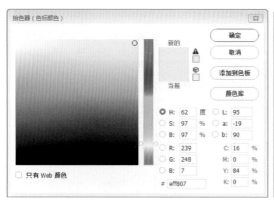

图 2-3-121　选择黄色　　　　　　　　　图 2-3-122　选择红色

图 2-3-123　黄红渐变

（9）选择上面第二个"色标"调节"不透明度"为"50%"（如图 2-3-124），同时可以调节"不透明度中点"　◇　的位置，变换色带中透明度的比例，色带发生变化（如图 2-3-125）。

图 2-3-124　调节透明度

图 2-3-125　色带变化

（10）在"文件"—"新建"中创建"新建文档"（如图 2-3-126），"宽度"为"720 像素"，"高度"为"576 像素"，"背景内容"为"透明"（如图 2-3-127），按住鼠标左键同时拖动得到渐变效果（如图 2-3-128）。

图 2-3-126　创建新建文档

图 2-3-127 调节新建文档

图 2-3-128 渐变效果

3.6.2 渐变工具的属性栏

（1）选择"渐变工具" ，观察"属性栏"中五种渐变模式（如图 2-3-129）。

图 2-3-129 五种渐变模式

（2）在"文件"—"新建"中创建"新建文档"（如图 2-3-130），"宽度"为"720 像素"，"高度"为"576 像素"（如图 2-3-131），分别选择五种渐变模式，按住鼠标左键同时拖动（拖动距离的远近与拖动时的起点位置，都决定渐变的最终效果），得到五种渐变效果如图 2-3-132 至图 2-3-136 所示。

图 2-3-130 创建新建文档

图 2-3-131 调节新建文档

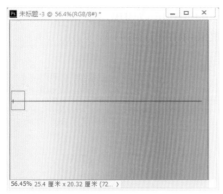

图 2-3-132　线性渐变

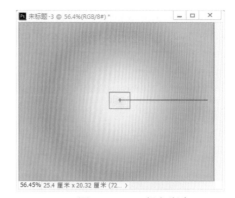

图 2-3-133　径向渐变

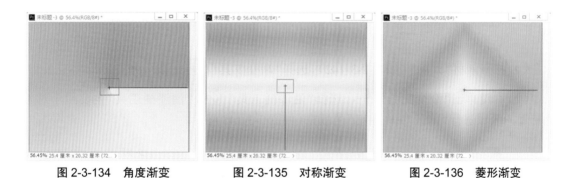

图 2-3-134　角度渐变　　　　　　图 2-3-135　对称渐变　　　　　　图 2-3-136　菱形渐变

（3）观察"属性栏"中的"反向""仿色""透明区域"三个选项（如图 2-3-135）。

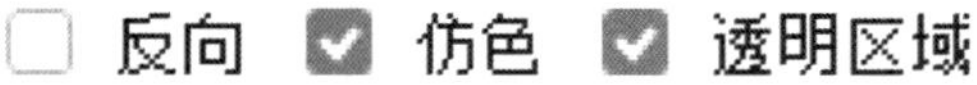

☐ 反向　✓ 仿色　✓ 透明区域

图 2-3-137　三个选项

（4）当不勾选"反向"时，颜色由黄色过渡到红色（如图 2-3-138）；当勾选"反向"时，颜色由红色过渡到黄色（如图 2-3-139）。

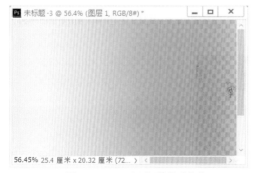

图 2-3-138　不勾选"反向"

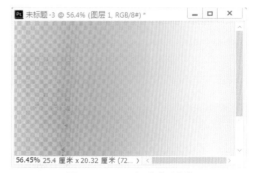

图 2-3-139　勾选"反向"

（5）"仿色"主要用于印刷行业，不勾选"仿色"印刷品的颜色过渡会出现"竖纹"直接影像效果，而勾选"仿色"会大大降低这种情况发生的概率。"透明区域"决定"渐变"中有无

"透明效果"，若不勾选"透明区域"，即便在"色标"中调节"透明度"也不会产生透明效果
（如图 2-3-140）；勾选"透明区域"，才会产生透明效果（如图 2-3-141）。

图 2-3-140　不勾选"透明区域"

图 2-3-141　勾选"透明区域"

3.6.3　渐变工具的隐藏工具

（1）打开素材"太阳"（如图 2-3-142），选择"渐变工具" 。

（2）右键单击"渐变工具" ，选择"油漆桶工具" ，"油漆桶工具"主要用于对颜
色相近的区域进行"前景"和"图案"的填充（如图 2-3-143）。

图 2-3-142　打开素材"太阳"

图 2-3-143　前景和图案

（3）选择"前景"，此时"前景色"为"黑色" ，单击素材"太阳"的白色区域（如图 2-3-144）。

图 2-3-144　改变背景色

（4）选择"图案"，图案的样式已经显示出来（如图 2-3-145），选择"水滴"图案■，再单击素材"太阳"的白色区域（如图 2-3-146）。

图 2-3-145 图案的样式

图 2-3-146 使用水滴图案

（5）"图案"样式的编辑、管理、增加可以通过 ⚙▾ 实现（如图 2-3-147）。

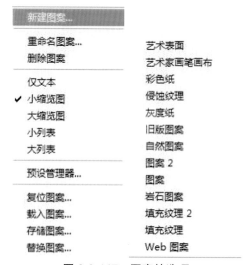

图 2-3-147 图案的选项

（6）单击"彩色纸"选项，弹出"对话框"（如图 2-3-148），单击"追加"，再次打开"图案"样式，发现添加新的图案（如图 2-3-149）。

"3d 材质拖放工具"的三维部分知识将在三维软件中讲解。

图 2-3-148 图案对话框

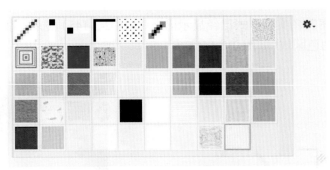

图 2-3-149　添加图案样式

4　画笔工具

　　"画笔工具"包括"画笔工具"与"历史记录画笔工具",这些工具可以丰富作品的内容,提升工作效率。

4.1　画笔工具

　　画笔工具 ✏ 是一个强大的工具(特别是与绘画板配合使用,更能发挥其强大的绘制能力),可以帮助我们得到很多其他工具难以完成的效果。"画笔工具"像一只画笔,使用起来非常简单,但是想要熟练使用,一定要勤加努力,多做练习。当选择"画笔工具"后,"属性栏"也随之变化(如图 2-4-1)。

图 2-4-1　"画笔工具"属性栏

　　画笔选项:主要用于调节画笔工具的大小、硬度、间距。
　　画笔设置:关于画笔工具的"形状动态""散布""纹理"等设置。
　　模式:画笔工具与其他图层合成的方式。
　　不透明度:画笔工具透明度大小。
　　流量:画笔工具的流动速率。
　　平滑:减少描边的抖动。
　　抹到历史记录:恢复图片原始状态。
　　对称选项:镜像对称的类型。

4.1.1　画笔工具的实际操作

　　(1)在 Photoshop 中创建"新建文档",选择"画笔工具" ✏(如图 2-4-2)。

（2）使用"画笔工具" <img_1 inline> 在"新建文档"进行绘制（如图 2-4-3）。

图 2-4-2　新建文档

图 2-4-3　用画笔工具绘制图案

（3）按住键盘"Shift"键在任意两个位置单击鼠标，就会生成一条直线，如果多次单击，便会沿着单击的顺序生成直线组成的图案（如图 2-4-4）。

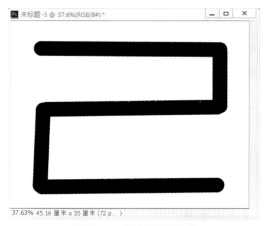

图 2-4-4　绘制直线图案

4.1.2　画笔工具的属性栏

（1）选择"画笔工具" ，观察"属性栏"的模式（如图 2-4-1）。

（2）选择"画笔选项" ，在弹出的对话框中进行调节（如图 2-4-5）。

图 2-4-5　"画笔选项"对话框

（3）调节"大小"改变"画笔"直径为"500 像素"（如图 2-4-6），调节"硬度"改变"画笔"的羽化程度为"30%"（如图 2-4-7）。

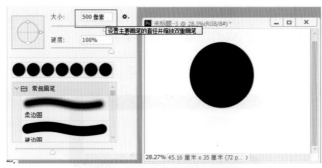

图 2-4-6　直径为 500 像素

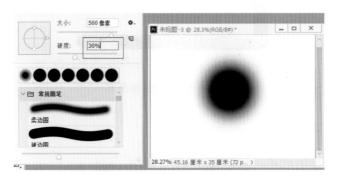

图 2-4-7　羽化程度为 30%

（4）在对话框的"常规画笔"中拖动侧面的方形滑块　，可以对画笔的样式进行选择（如图 2-4-8 和图 2-4-9）。

图 2-4-8　画笔的样式

图 2-4-9　浏览画笔样式

（5）拖动下面的三角形滑块 △，可以对画笔的显示大小进行调节（如图 2-4-10 和图 2-4-11）。

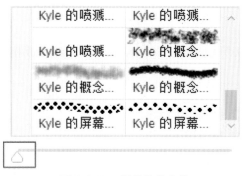

图 2-4-10　调节为最小化

图 2-4-11　调节为最大化

（6）单击"模式"弹出对话框，可以在其中选择与其他图层的混合模式（如图 2-4-12）。

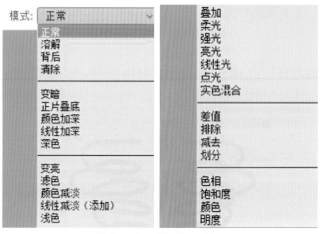

图 2-4-12　图层混合模式

（7）"不透明度"可控制"画笔"绘制的透明度高低，"不透明度"为"90%"与"30%"的对比如图 2-4-13 所示。

（8）"平滑"可控制"笔画"的流畅度，"平滑"为"100%"与"0%"的对比如图 2-4-14

所示。

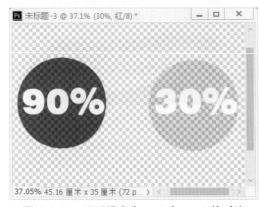
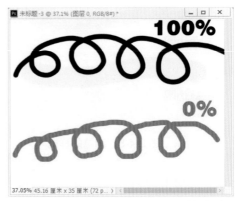

图 2-4-13 不透明度为 90% 与 30% 的对比   图 2-4-14 平滑为 100% 与 0% 的对比

（9）"绘画对称" ![icon] 是一个画笔镜像工具，可以减轻工作强度，提高工作效率（如图 2-4-15），"不透明度压力" ![icon] 、"流量喷枪" ![icon] 、"大小压力" ![icon] 的使用都与绘画板相关，这里不做介绍。

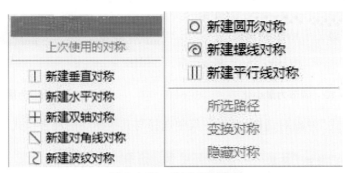

图 2-4-15 绘画对称模式

（10）选择"绘画对称" ![icon] 中的"新建垂直对称" ![icon] ，在"新建文档"进行绘制，效果如图 2-4-16 所示。

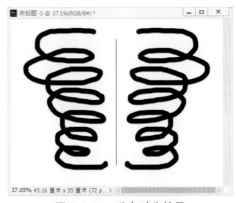

图 2-4-16 垂直对称效果

4.1.3　画笔工具的隐藏命令

（1）在 Photoshop 中，单击右键选择"画笔工具" ，显示出隐藏命令（如图 2-4-17），选择"铅笔工具" ，虽然它与"画笔工具"只有一字相差，但是效果完全不同，"铅笔工具"多用于针对像素的绘制，例如硬边的直线或曲线等（如图 2-4-18）。

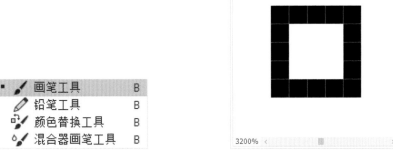

图 2-4-17　"画笔工具"隐藏命令　　　　　　图 2-4-18　铅笔工具效果

（2）对"铅笔工具" 的"属性栏"中"自动抹除" 进行勾选，当第一次落笔后再次从落笔处绘制，"前景色"会自动变化为"背景色"，若不进行勾选，将不会有变化（如图 2-4-19）。

（3）打开素材"西瓜"，选择"铅笔工具" 中的"颜色替换工具" （如图 2-4-20）。

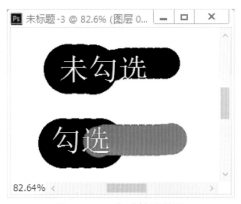

图 2-4-19　自动抹除效果　　　　　　　图 2-4-20　打开素材"西瓜"

（4）"颜色替换工具" 的"属性栏"的"取样"包含三种选项，"连续"即按键盘"Alt"键拾取颜色，再按住鼠标左键一直拖动，即便颜色不同也会产生颜色替换效果，如拾取瓜皮颜色对瓜瓤进行颜色替换，白色瓜瓤部分颜色也被替换（如图 2-4-21）。

（5）"一次"即按键盘"Alt"键拾取颜色，再按住鼠标左键一直拖动，当颜色不同时就不会产生颜色替换效果，如拾取瓜皮颜色对瓜瓤进行颜色替换，但是白色瓜瓤部分没有被颜色替换（如图 2-4-22）。

图 2-4-21　连续效果

图 2-4-22　一次效果

（6）"背景色板"即只对"背景色"产生颜色替换效果，将"背景色"变为"蓝色"进行颜色替换（如图 2-4-23）。

（7）"混合器画笔工具" 就是将"画笔"的颜色与"画布"上的颜色按照不同的模式混合并产生新的效果，在 Photoshop 中将素材"颜料"打开（如图 2-4-24）。

图 2-4-23　背景色板效果

图 2-4-24　打开素材"颜料"

（8）单击"当前画笔载入"（如图 2-4-25）（"载入画笔"表示将画笔蘸染色彩颜料，"清理画笔"表示清理掉画笔上的颜色），在弹出的"拾色器"中选择"橘色"（如图 2-4-26）。

图 2-4-25　当前画笔载入

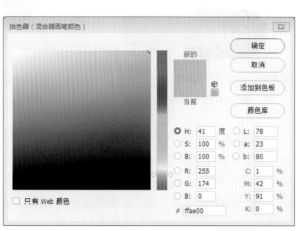

图 2-4-26　拾色器

（9）在模式混合选项中选择  可以自定义选项的数值（如图 2-4-27），这里使用预设模式的选项（如图 2-4-28），选择"干燥"与"非常潮湿"两种相反的效果，观察两者的区别（如图 2-4-29 和图 2-4-30）。

图 2-4-27　自定义选项

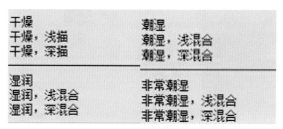

图 2-4-28　预设模式的选项

图 2-4-29　干燥效果

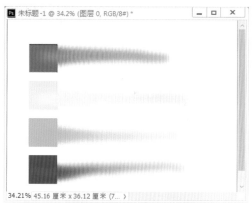

图 2-4-30　非常潮湿效果

4.2　历史记录画笔工具

"历史记录画笔工具"  是指电脑对处理图像时操作状态的记录。当选择"历史记录画笔工具"后，"属性栏"也随之变化（如图 2-4-31）。

图 2-4-31　"历史记录画笔工具"属性栏

画笔选项：主要用于调节画笔工具的大小、硬度、间距。

画笔设置：关于画笔工具的"形状动态""散布""纹理"等设置。

模式：历史记录画笔工具与其他图层合成的方式。

不透明度：历史记录画笔工具透明度大小。

流量：历史记录画笔工具的流动速率。

4.2.1　历史记录画笔工具的实际操作

（1）在 Photoshop 中将素材"羽毛"打开（如图 2-4-32），在"窗口"中勾选"历史记录"，打开"历史记录"面板（如图 2-4-33），配合"历史记录画笔工具"使用。

图 2-4-32　打开素材"羽毛"

图 2-4-33　"历史记录"面板

（2）利用所学习的工具，对素材"羽毛"进行图像编辑，先对素材进行"解锁" 🔒，依次使用"画笔"工具、"橡皮擦"工具、"模糊"工具、"海绵"工具对素材进行编辑（如图 2-4-34），同时观察"历史记录"面板（如图 2-4-35）。

图 2-4-34　编辑后的素材

图 2-4-35　"历史记录"面板

（3）此时，使用"历史记录画笔工具" 🖌 对素材进行涂抹，素材将恢复原始图像状态（如图 2-4-36），观察"历史记录"面板，生成"历史记录画笔"的历史记录（如图 2-4-37）。

图 2-4-36　恢复素材图像

图 2-4-37　历史记录

（4）在"历史记录"面板上可以生成"源"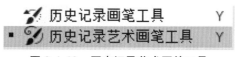，也就是说，在某一步骤生成"源"后，再使用"历史记录画笔工具"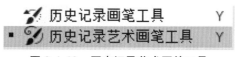便可直接恢复到该步。将"源"设定在"画笔工具"步骤上（如图 2-4-38），使用"历史记录画笔工具"进行恢复（如图 2-4-39）。

图 2-4-38　设定"源"　　　　图 2-4-39　恢复到画笔工具

4.2.2　历史记录画笔工具的属性栏

"历史记录画笔工具"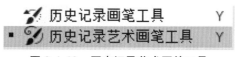的"属性栏"（如图 2-4-40）与"画笔工具"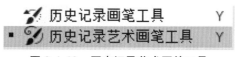的"属性栏"（如图 2-4-41）的内容基本一致，可以参考"画笔工具"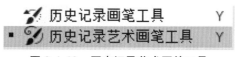"属性栏"的使用方法。

图 2-4-40　"历史记录画笔工具"属性栏

图 2-4-41　"画笔工具"属性栏

4.2.3　历史记录画笔工具的隐藏命令

（1）右键单击"历史记录画笔工具"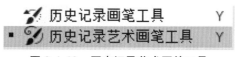，选择"历史记录艺术画笔工具"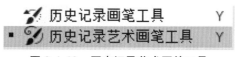（如图 2-4-42），即使用指定历史记录状态，以风格化描边进行绘画，通过尝试使用不同的绘画样式、大小和容差选项，可以用不同的色彩和艺术风格模拟绘画的纹理。

图 2-4-42　历史记录艺术画笔工具

（2）选择"历史记录艺术画笔工具"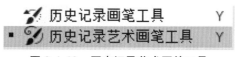，打开素材"花纹"（如图 2-4-43）。

（3）使用"历史记录艺术画笔工具"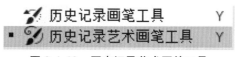对素材中心椭圆部分花纹进行涂抹（如图 2-4-44）。

（4）观察"历史记录艺术画笔工具"的"属性栏"中"样式"（如图 2-4-45），使用不同"样式"进行涂抹并观察效果。

图 2-4-43　打开素材"花纹"　　　图 2-4-44　涂抹效果　　　图 2-4-45　十种样式

（5）选择"属性栏"中"区域"选项，它可以调节"历史记录艺术画笔工具"的作用范围，将"区域"调节至"500 像素"（如图 2-4-46）进行涂抹（鼠标放在素材中心单击一次），并观察作用范围（如图 2-4-47）。

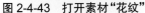

图 2-4-46　区域选项　　　　　　　　图 2-4-47　作用范围

（6）选择"属性栏"中"画笔预设"选项，它可以调节"历史记录艺术画笔工具"的大小，将"画笔预设"调节为"100 像素"（如图 2-4-48），对素材进行涂抹，效果如图 2-4-49 所示。"画笔预设"数值越大，作用范围越大，细节保留越少；数值越小，作用范围越小，细节保留越多，该功能可以与"区域"配合使用。

图 2-4-48　调节画笔预设　　　　　　图 2-4-49　涂抹效果

4.3　钢笔工具

"钢笔工具" ·属于矢量绘图工具（矢量图形称为路径），其优点是可以勾画平滑的曲线，在缩放或者变形之后仍能保持平滑效果。当选择"钢笔工具"后，"属性栏"也随之变化（如图 2-4-50）。

图 2-4-50　"钢笔工具"属性栏

钢笔工具分为"形状""路径""像素"三种模式，"形状"可以创建形状图层（也可理解为带形状剪切路径的填充图层），默认的填充颜色为前景色；"路径"只创建工作路径，不会创建形状图层与填充颜色；"像素"使用"形状工具"可以选择，在这里"像素"不做介绍。

填充：为创建形状图层设置颜色。

描边：为路径的边缘设置颜色、宽度、类型 。

宽度高度：创建描边像素的坐标位置。

路径操作：创建形状图层的各种组合方式。

路径对齐方式：路径对齐的方向方法。

路径排列方式：创建形状图层的上下顺序。

路径选项：路径的基础设置。

自动添加 / 删除：勾选，操作时会自动显示添加或删除的图标；反之，则不显示。

对齐边缘：勾选，操作时会将矢量形状与像素网格对齐；反之，则不会对齐。

4.3.1　钢笔工具的实际操作

（1）在 Photoshop 中创建"新建图层"（如图 2-4-51），使用"钢笔工具"进行绘制。

（2）选择"钢笔工具""属性栏"中"填充"选项（如图 2-4-52）。

图 2-4-51　新建图层

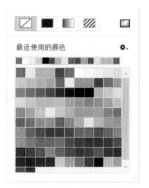

图 2-4-52　填充面板

（3）填充面板有四种选项："无颜色"；"纯色"（如图 2-4-53），在"最近使用的颜色"中选择颜色作为填充颜色;"渐变"(如图 2-4-54),在"渐变"中选择渐变模式作为填充颜色;"图案"(如图 2-4-55),在"图案"中选择图案模式作为填充颜色。

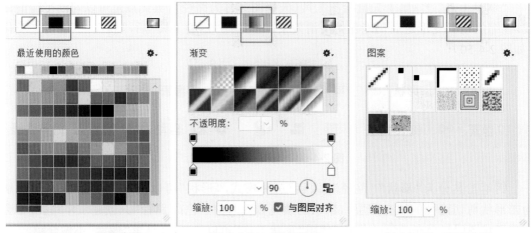

图 2-4-53 纯色选项   图 2-4-54 渐变选项   图 2-4-55 图案选项

（4）在"新建图层"中使用"钢笔工具"绘制出一个图案（如图 2-4-56）。

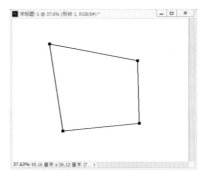

图 2-4-56 绘制图案

（5）分别使用"纯色"（如图 2-4-57）、"渐变"（如图 2-4-58）、"图案"（如图 2-4-59）三种模式进行填充,并观察效果。

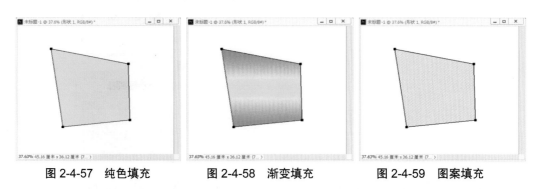

图 2-4-57 纯色填充   图 2-4-58 渐变填充   图 2-4-59 图案填充

（6）"描边"选项与"填充"选项相似,也有四种模式,即"无颜色""纯色""渐变""图案",（为方便观察,填充前设置宽度为"20 像素",类型为"实线"）（如图 2-4-60）,分别使用

"纯色"(如图 2-4-61),"渐变"(如图 2-4-62),"图案"(如图 2-4-63)三种模式进行填充,并观察效果。

图 2-4-60　设置宽度与类型

图 2-4-61　纯色描边　　　　　图 2-4-62　渐变描边　　　　　图 2-4-63　图案描边

(7)在使用"钢笔工具" ✐·绘制时,单击鼠标将出现一个"锚点"(如图 2-4-64),连续单击将最后一个"锚点"与第一个"锚点"连接起来形成一个封闭的路径(如图 2-4-65)。

图 2-4-64　创建锚点　　　　　　　　　　图 2-4-65　形成封闭的路径

(8)在使用"钢笔工具" ✐·绘制时,按住鼠标左键进行拖动出现一个"手柄"(如图 2-4-66),移动"手柄"线段将变得十分平滑(如图 2-4-67),该线段也被称作"贝塞尔曲线"。

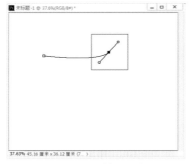

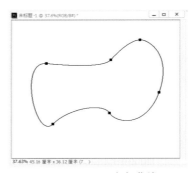

图 2-4-66　控制手柄　　　　　　　　　　图 2-4-67　贝塞尔曲线

（9）由此可见，"钢笔工具" 可以勾勒出有着平滑弧度的曲线图像，打开素材"汽车"（如图 2-4-68）。

（10）如果想将素材"汽车"的车身勾勒出来，使用之前学习过的"魔棒工具""套索工具"都不太适合，因为素材中的色彩比较丰富，车身有弧度。对于本素材首选"钢笔工具" 进行勾勒（如图 2-4-69），"钢笔工具"的灵活性与准确性是其他工具难以达到的，但是想要熟练掌握"钢笔工具"还需要多做练习，了解其特性，从而在制图过程中发挥其作用。

图 2-4-68　打开素材"汽车"

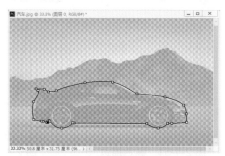
图 2-4-69　用"钢笔工具"进行勾勒

4.3.2　钢笔工具的属性栏

（1）选择"钢笔工具" ，在"属性栏"中选择"路径"（如图 2-4-70）。

（2）"属性栏"中"建立"有三种选项，即"选区""蒙版"和"形状"（如图 2-4-71），这三种选项也是"钢笔工具"绘制出的路径可以转换的模式。

图 2-4-70　选择"路径"

图 2-4-71　建立选项

（3）创建"新建图层"，用"钢笔工具"绘制出路径（如图 2-4-72）。

（4）选择"选区"选项，出现"建立选区"对话框（如图 2-4-73），单击"确定"按钮。

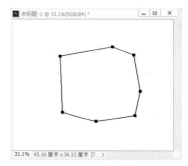
图 2-4-72　新建图层

图 2-4-73　"建立选区"对话框

（5）此时观察路径,已经变成虚线的选区（如图 2-4-74）（与使用"框选工具""套索工具"的选择相同）。

（6）在新建图层状态下,选择"蒙版"选项观察路径,只保留路径选择的内容（如图2-4-76）,（蒙版在 Photoshop 中是重要的操作工具,且种类众多,钢笔的"矢量蒙版"只是其中一种,在以后的章节还会对蒙版进行介绍）。

图 2-4-74　转换为选区

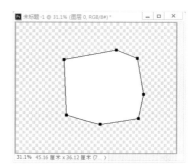

图 2-4-75　转换为蒙版

（7）在新建图层状态下,选择"形状"选项观察路径,路径选择的范围会自动填充"前景色"（如图 2-4-76）。

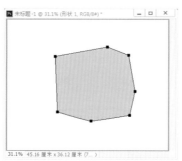

图 2-4-76　转换为形状

4.3.3　钢笔工具的隐藏命令

（1）选择"钢笔工具" 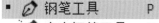,单击鼠标右键,显示出隐藏命令（如图 2-4-77）,选择"自由钢笔工具" ,顾名思义"自由钢笔工具"就是绘制比较自由的、随手而画的路径,按住鼠标左键进行拖动即可绘制出路径（如图 2-4-78）。

■ 钢笔工具	P
自由钢笔工具	P
弯度钢笔工具	P
添加锚点工具	
删除锚点工具	
转换点工具	

图 2-4-77　"钢笔工具"隐藏命令

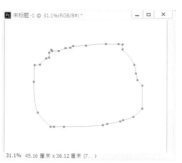

图 2-4-78　绘制出路径

（2）打开素材"纸笔"，在"自由钢笔工具"  "属性栏"中，勾选"磁性的"（如图 2-4-79），即可在图案边缘自动形成路径（如图 2-4-80）；反之，则不能（如图 2-4-81）。

图 2-4-79　勾选"磁性的"　　　图 2-4-80　勾选磁性的效果　　　　图 2-4-81　未勾选磁性的效果

（3）选择"弯度钢笔工具" ，即"钢笔工具"在创建路径时（不使用手柄）便默认形成弧度（如图 2-4-82）。

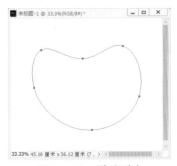

图 2-4-82　默认弧度

（4）"添加锚点工具" 和"删除锚点工具" 是负责增加或删除锚点的命令，使用起来非常简单，选择"添加锚点工具" ，在绘制好的路径上单击，便形成一个新"锚点"（如图 2-4-83），选择"删除锚点工具" ，在绘制好的路径上单击，便减少一个"锚点"（如图 2-4-84）。

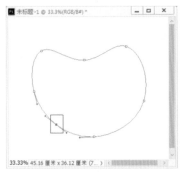

图 2-4-83　添加锚点

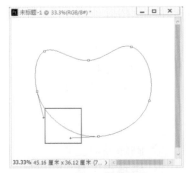

图 2-4-84　删除锚点

（5）"转换点工具" ⌐ 可通过鼠标左键单击"锚点"改变路径的样式,形成平滑过渡路径（如图 2-4-85）或角度过渡路径（如图 2-4-86）。

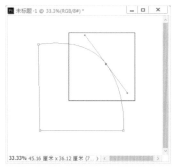 

图 2-4-85　平滑过渡路径　　　　　　图 2-4-86　角度过渡路径

4.4　形状工具

"形状工具"是 Photoshop 中默认的矢量基本几何体路径,可以方便地调整图形的形状,其中包括对节点的添加、删除等。当选择"形状工具"后,"属性栏"也随之变化（如图 2-4-87）。

图 2-4-87　"形状工具"属性栏

其实"形状工具"就是"钢笔工具"的"简化版",早期 Photoshop 版本中的"形状工具"包含在"钢笔工具"之中,所以说两者有着"血缘关系",是相互关联的。

"形状工具"包含"形状""路径"和"像素"三种模式,使用方法可以参照"钢笔工具"（在"形状工具"中"像素"可以选择）。

建立:包含"选区""模版"和"形状"三种模式。

路径操作:路径的组合方式。

路径对齐方式:路径对齐方向的方法。

路径排列方式:路径的上下层排列。

路径选项:路径的基础设置。

对齐边缘:勾选,操作时将矢量形状与像素网格对齐;反之,则不会对齐。

4.4.1　形状工具的实际操作

（1）在 Photoshop 中创建"新建图层",选择"矩形工具" □ 进行绘制（如图 2-4-88）。

图 2-4-88　新建图层

（2）"形状工具"与"框选工具"的使用方法相同，按住键盘"Shift"键再绘制，建立一个矩形路径（如图 2-4-89）；按住键盘"Alt"键再绘制，可以鼠标位置为中心，建立向四周放射的矩形路径（如图 2-4-90）；按住键盘"Shift+Alt"键再框选，可建立一个以鼠标位置为中心，等比例放射的矩形路径（如图 2-4-91）。

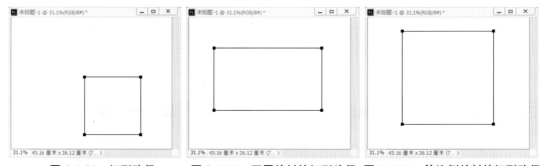

图 2-4-89　矩形路径　　　图 2-4-90　四周放射的矩形路径　图 2-4-91　等比例放射的矩形路径

（3）当矩形路径绘制完成，弹出对话框，其中包括"属性"（如图 2-4-92）和"信息"（如图 2-4-93），"属性"对话框内是关于路径的基础设置，"信息"对话框内是关于路径的颜色与大小设置。

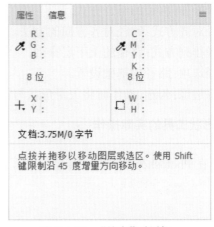

图 2-4-92　"属性"对话框　　　　　　图 2-4-93　"信息"对话框

（4）通常情况下，在使用关于"路径"的工具时，都会在"窗口"中勾选"路径"（如图

2-4-94），之后会出现"路径"面板（如图 2-4-95）。

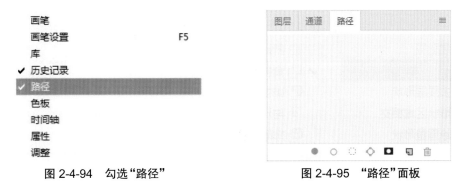

图 2-4-94　勾选"路径"　　　　　　　　　　图 2-4-95　"路径"面板

（5）通过"路径"面板，可以很方便地观察绘制的"路径"（如图 2-4-97）。

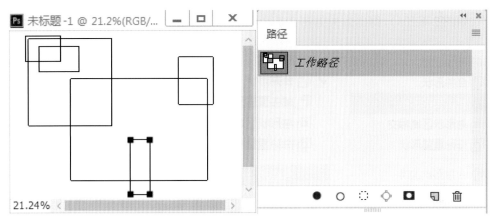

图 2-4-96　观察路径

4.4.2　形状工具的属性栏

（1）"矩形工具""属性栏"中的"路径操作"包含"合并形状""减去顶层形状""与形状区域相交""排除重叠形状"四种模式（如图 2-4-97）。

（2）在"新建图层"中绘制两个相交的"矩形路径"（如图 2-4-98）。

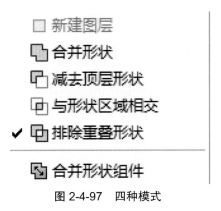

图 2-4-97　四种模式

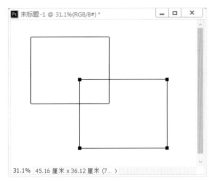

图 2-4-98　两个相交的矩形路径

（3）在"路径操作"中选择"合并形状"（如图 2-4-99），再单击下方的"合并形状组件"（如图 2-4-100），得出效果如图 2-4-101 所示。

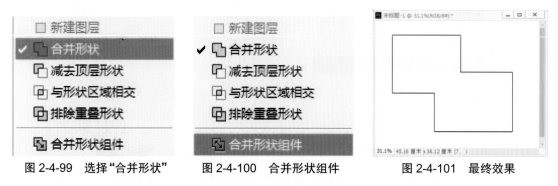

图 2-4-99　选择"合并形状"　　图 2-4-100　合并形状组件　　图 2-4-101　最终效果

（4）若在"路径操作"中选择"减去顶层形状"（如图 2-4-102），再单击下方的"合并形状组件"（如图 2-4-103），得出效果如图 2-4-104 所示。

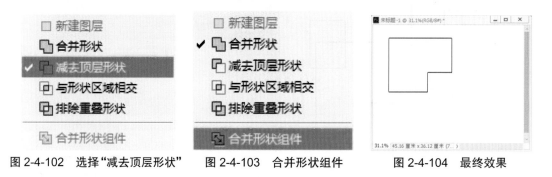

图 2-4-102　选择"减去顶层形状"　　图 2-4-103　合并形状组件　　图 2-4-104　最终效果

（5）若在"路径操作"中选择"与形状区域相交"（如图 2-4-105），再单击下方的"合并形状组件"（如图 2-4-106），得出效果如图 2-4-107 所示。

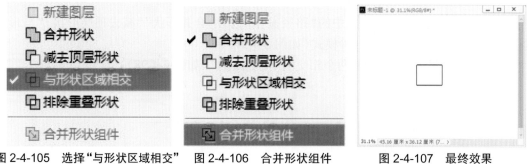

图 2-4-105　选择"与形状区域相交"　　图 2-4-106　合并形状组件　　图 2-4-107　最终效果

（6）在"新建图层"中绘制两个"重叠"的"矩形路径"，单击"形状"填充前景色（如图 2-4-108），在"路径操作"中选择"排除重叠形状"（如图 2-4-109），再单击下方的"合并形状组件"（如图 2-4-110），得出效果如图 2-4-111 所示。

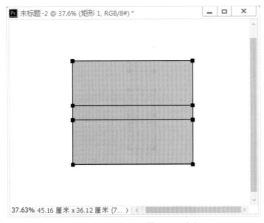

图 2-4-108　重叠矩形路径

图 2-4-109　选择"排除重叠形状"

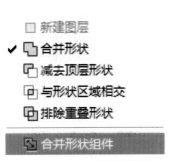

图 2-4-110　合并形状组件

图 2-4-111　最终效果

（7）在"新建图层"中随机绘制三个"矩形路径"（如图 2-4-112）。

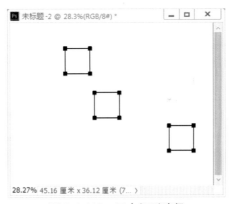

图 2-4-112　三个矩形路径

（8）"路径对齐方式"包含"左边""水平居中""右边""顶边""垂直居中""底边""按宽度均匀分布""按高度均匀分布"八种（如图 2-4-113），若选择"左边"得到效果如图 2-4-114 所示。

图 2-4-113　路径对齐方式

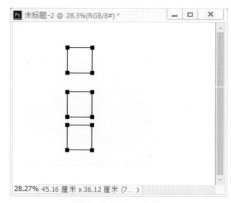

图 2-4-114　左边

（9）若选择"水平居中"得到效果如图 2-4-115 所示。

（10）若选择"右边"得到效果如图 2-4-116 所示。

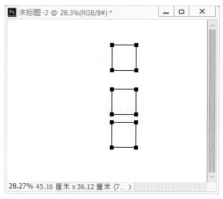

图 2-4-115　水平居中

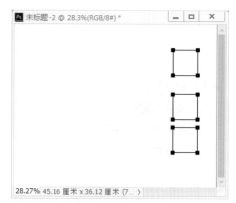

图 2-4-116　右边

（11）若选择"顶边"得到效果如图 2-4-117 所示。

（12）若选择"垂直居中"得到效果如图 2-4-118 所示。

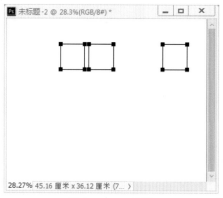

图 2-4-117　顶边

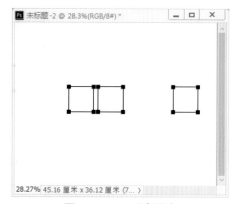

图 2-4-118　垂直居中

（13）若选择"底边"得到效果如图 2-4-119 所示。

（14）若选择"按宽度均匀分布"得到效果如图 2-4-120 所示。

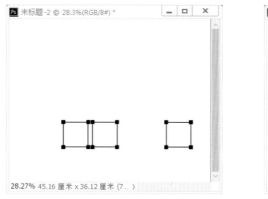 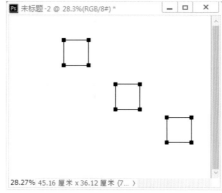

图 2-4-119　底边　　　　　　　图 2-4-120　按宽度均匀分布

（15）若选择"按高度均匀分布"得到效果如图 2-4-121 所示。

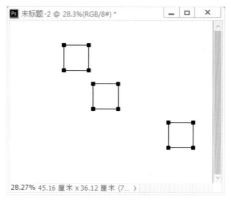

图 2-4-121　按高度均匀分布

4.4.3　形状工具的隐藏命令

（1）右键单击"矩形工具" ，显示出隐藏命令（如图 2-4-122）。

图 2-4-122　"矩形工具"的隐藏命令

（2）选择"圆角矩形工具" ，在"新建文档"上绘制路径（如图 2-4-123）。

（3）圆角矩形路径的"角度"可以在"属性栏"的"半径"中修改（如图 2-4-124），也可以在弹出对话框的"属性"面板（如图 2-4-125）中修改。

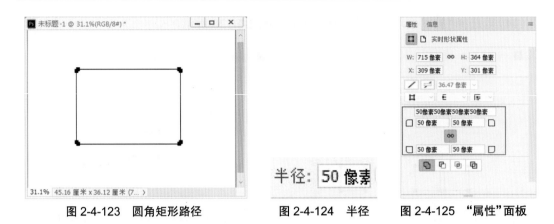

图 2-4-123　圆角矩形路径　　　　图 2-4-124　半径　　　图 2-4-125　"属性"面板

（4）选择"椭圆工具" ○ ，在"新建文档"上绘制路径（如图 2-4-126），"椭圆工具"的使用方法与"矩形工具"相似，按住键盘"Shift"键再绘制，建立一个正圆路径；按住键盘"Alt"键再绘制，以鼠标位置为中心，建立向四周放射的椭圆路径；按住键盘"Shift+Alt"键再框选，可建立一个以鼠标位置为中心，向四周放射的正圆路径。

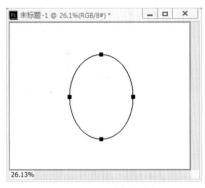

图 2-4-126　椭圆路径

（5）选择"多边形工具" ○ ，在"新建文档"上绘制路径（如图 2-4-127），可以通过对"属性栏""边"（如图 2-4-128）的数值进行修改，从而改变多边形边的数量（如图 2-4-129）。

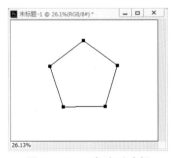

图 2-4-127　多边形路径　　　图 2-4-128　属性栏中"边"选项　　　图 2-4-129　改变多边形边的数量

（6）选择"直线工具" ／ ，在"新建文档"上绘制路径（如图 2-4-130），可以通过对"属性栏""粗细"（如图 2-4-131）的数值进行修改，从而改变直线路径的粗细（如图 2-4-132）。

图 2-4-130　直线路径　　图 2-4-131　属性栏中"粗细"选项　图 2-4-132　改变直线路径的粗细

（7）选择"自定义形状工具" ✿，在"新建文档"上绘制路径（如图 2-4-133）。

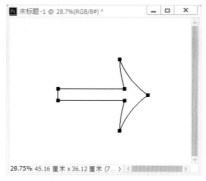

图 2-4-133　自定义形状工具

（8）"自定义形状工具"包含许多自定义的形状，单击"属性栏""形状"（如图 2-4-134），自定义的形状将全部显示出来（如图 2-4-135）。

图 2-4-134　属性栏中"形状"选项　　　　　　图 2-4-135　自定义的形状

（9）如需要对自定义的形状进行设置或增添，单击"齿轮" ✿，在出现的菜单中进行选择（如图 2-4-136）。

图 2-4-136　菜单选项

（10）选择"全部"选项（如图 2-4-137），为添加自定义的形状，在弹出的对话框中单击"确定"按钮（如图 2-4-138），将显示更多的形状路径（如图 2-4-139）。

图 2-4-137　选择"全部"

图 2-4-138　单击"确定"按钮

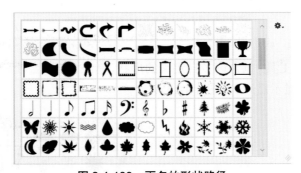

图 2-4-139　更多的形状路径

4.5　选择工具

"选择工具"分为"路径选择工具" 与"直接选择工具" 两种。

（1）"路径选择工具" 可以整体移动和改变路径的形状，其使用方法类似于"移动工具" ，只不过"移动工具"是对选取区域进行操作，而"路径选择工具"是对路径进行操作（如图 2-4-140）。

（2）"直接选择工具" 可以对锚点、控制手柄、一段路径甚至全部路径进行移动、改变方向和形状操作。在路径外任意处单击，可以取消对路径的选取。将路径框架包围在该工具的拖曳范围之中,可以选中所有的锚点,这时锚点全部变为实心,移动任何锚点或曲线都可以使全部路径移动(如图 2-4-141)。

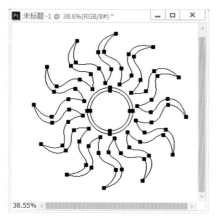 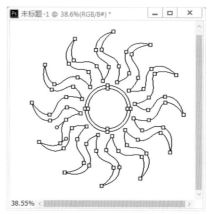

图 2-4-140　路径选择工具　　　　　　　图 2-4-141　直接选择工具

5　文字工具

文字工具 **T.** 中包含数字和符号,可以帮助大家创建更多的丰富内容,当选择"文字工具"时,"属性栏"也随之变化(如图 2-5-1)。

图 2-5-1　"文字工具"属性栏

切换文本取向:改变文字排列方向。
字体样式:显示 Photoshop 中所有的字体样式。
字体型号:调节字体大小。
对齐文本:将文字按照左、中、右方向对齐。
颜色:调节字体颜色。
文字变形:按照设置的样式对文字进行变形编辑。
切换字符和段落面板:即文字与段落的基础设置选项。

5.1　文字工具的实际操作

(1)在 Photoshop 中创建"新建文档",单击"文字工具" **T.** "横排文字工具",输入"Photoshop 中文版"(如图 2-5-2)。
(2)按住键盘"Alt"键选择文字,按住鼠标左键拖动改变文字的大小和比例(如图 2-5-3)。

图 2-5-2   使用文字工具输入   图 2-5-3   改变文字

（3）如要对文字进行整体编辑，须选择全部字体（如图 2-5-4），或选择局部字体进行编辑（如图 2-5-5）。

图 2-5-4   字体全部选择   图 2-5-5   编辑局部字体

5.2   文字工具的属性栏

（1）选择"文字工具" **T.** ，在"新建文档"输入文字"走近大自然"（如图 2-5-6）。

图 2-5-6   输入文字

（2）在"属性栏"的"字体样式"中选择"ADOBE 黑体 STD"，"字体型号"输入"150 点"，"对齐文本"使用"左对齐"，"颜色"使用"黑色"（如图 2-5-7）。

图 2-5-7　字体效果

（3）以上对字体的调节也可以在"切换字符和段落面板"中进行（如图 2-5-8 和图 2-5-9）。

图 2-5-8　字符调节

图 2-5-9　属性调节

（4）如果需要对文字进行变形设计，选择"文字变形" ，弹出"变形文字"对话框（如图 2-5-10）。

图 2-5-10　"变形文字"对话框

（5）"样式"选择"扇形"（如图 2-5-11），观察字体的变化（如图 2-5-12）。

图 2-5-11　扇形样式

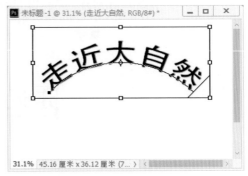

图 2-5-12　字体变形效果

（6）还可以在"变形文字"对话框中对"弯曲""水平扭曲""垂直扭曲"进行调节，得到更丰富的效果（如图 2-5-13）。

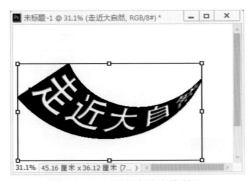

图 2-5-13　更丰富的字体效果

5.3　文字工具的隐藏命令

（1）单击右键选择"文字工具" T., 打开隐藏命令（如图 2-5-14）。

（2）继续以"走近大自然"为例，选择"直排文字工具"将文字的排列顺序变为上下排列（其他属性与"横排文字工具"相同），同时调节"属性栏"得到文字效果（如图 2-5-15）。

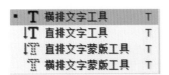

图 2-5-14　"文字工具"隐藏命令

图 2-5-15　文字效果

（3）打开素材"太空"并解锁，选择"直排文字蒙版工具" ，在"属性栏"的"字体样式"中选择"方正超出黑简体"，"字体型号"输入"200 点"，"对齐文本"使用"顶对齐文本"，输入文字"绚丽景色"，在素材上出现的红色即文字蒙版（如图 2-5-16）。

（4）按键盘"回车"键，蒙版消失，字体变为"选区"（如图 2-5-17）。

（5）单击"选择"—"反选"，按键盘"Delete"键，保留字体选区，将素材其他部分删除，再单击"选择"—"取消选择"（如图 2-5-18），此时字体为独立图层，方便编辑。

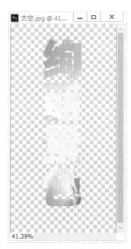

图 2-5-16　输入文字　　　　图 2-5-17　字体变为选区　　　　图 2-5-18　字体效果

（6）"横排文字蒙版工具"与"直排文字蒙版工具"只是文字排列方向不同，其他效果与属性相同（如图 2-5-19）。

图 2-5-19　横排文字蒙版效果

6　其他工具

6.1　抓手工具

抓手工具 可以拖动图片上下左右移动，当选择"抓手工具"时"属性栏"也随之变化（如图 2-6-1）。

图 2-6-1　"抓手工具"属性栏

滚动所有窗口：勾选，所有窗口将同时拖动。

100%：将当前窗口按照 1 ：1 比例进行缩放。

适合屏幕：将当前窗口缩放为屏幕大小。

填充屏幕：将当前窗口缩放为适合屏幕的大小。

6.1.1　抓手工具的实际操作

（1）在 Photoshop 中打开素材"黄昏"（如图 2-6-2）。

（2）选择"抓手工具" ，将"抓手工具"放在素材上出现 图形，按住鼠标左键进行拖动（如图 2-6-3）。

图 2-6-2　打开素材"黄昏"

图 2-6-3　拖动素材

6.1.2　抓手工具的属性栏

（1）在 Photoshop 中打开素材"傍晚"和"清晨"（如图 2-6-4）。

图 2-6-4　打开素材"清晨"和"傍晚"

（2）勾选"滚动所有窗口"选项（如图 2-6-5），当对其中一个素材进行拖动时，其他素材也随之移动（如图 2-6-6）。

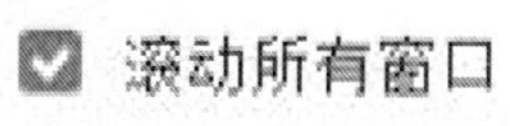

图 2-6-5 勾选"滚动所有窗口"

图 2-6-6 素材同时移动

（3）打开素材"正午"，将素材放大至马赛克状态（如图 2-6-7）。

（4）单击"属性栏"中 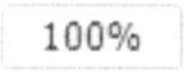 100% ，将图片按照 1∶1 的比例进行缩放（如图 2-6-8）。

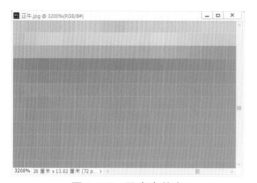

图 2-6-7 马赛克状态

图 2-6-8 按照比例缩放

（5）单击"属性栏"中"适合屏幕"，窗口按照屏幕大小进行缩放（如图 2-6-9）。

（6）单击"属性栏"中"填充屏幕"，窗口按照适合屏幕的大小进行缩放（如图 2-6-10）。

图 2-6-9 按照屏幕大小缩放

图 2-6-10 按照适合屏幕的大小缩放

6.1.3　抓手工具的隐藏命令

（1）单击右键选择"抓手工具" ✋ ，打开隐藏命令（如图 2-6-11）。

（2）打开素材"夜晚"（如图 2-6-12），选择"旋转视图工具" 🖐 。

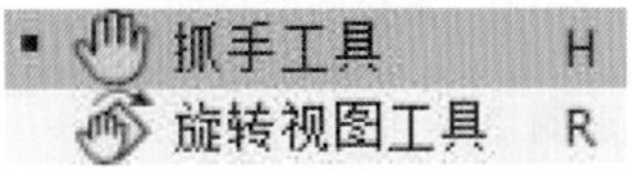

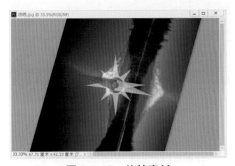

图 2-6-11　"抓手工具"隐藏命令　　　　图 2-6-12　打开素材"夜晚"

（3）将"旋转视图工具" 🖐 放在素材上，按住鼠标左键进行拖动，素材进行旋转（如图 2-6-13），"属性栏"中"旋转角度"（如图 2-6-14）即素材的"旋转度数"（移动指针 🕐 也可对素材进行旋转）。

图 2-6-13　旋转素材

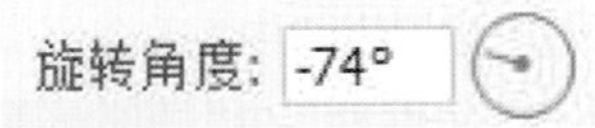

旋转角度：-74° 🕐

图 2-6-14　旋转角度

（4）若需要恢复素材的原始状态，单击"复位视图"即可（如图 2-6-15）。

图 2-6-15　复位视图

（5）勾选"旋转所有窗口"即对所有素材进行旋转（如图 2-6-16），反之只对当前窗口进行旋转。

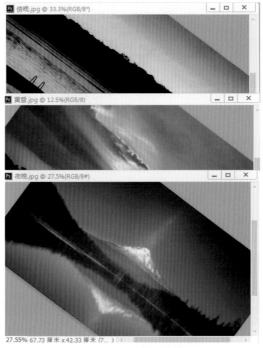

图 2-6-16 旋转所有窗口

6.2 放大镜工具

放大镜工具 🔍 可以对图片进行放大或缩小,当选择"放大镜工具"时,"属性栏"也随之变化(如图 2-6-17)。

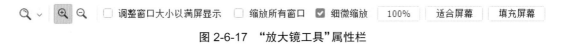

图 2-6-17 "放大镜工具"属性栏

放大:对图片进行放大处理。

缩小:对图片进行缩小处理。

调整窗口大小以满屏显示:勾选后,将对窗口大小进行缩放。

缩放所有窗口:勾选后,将对所有窗口同时缩放。

细微缩放:缩放过程保留细节。

100%:将当前窗口按照 1∶1 比例进行缩放。

适合屏幕:将当前窗口缩放为屏幕大小。

填充屏幕:将当前窗口缩放为适合屏幕的大小。

6.2.1 放大镜工具的实际操作

(1)打开素材"小狗"(如图 2-6-18)。

图 2-6-18　打开素材"小狗"

（2）选择"放大镜工具" 🔍 放在图片之上，按住鼠标左键左右移动，素材图片将进行放大（如图 2-6-19）或缩小（如图 2-6-20）。

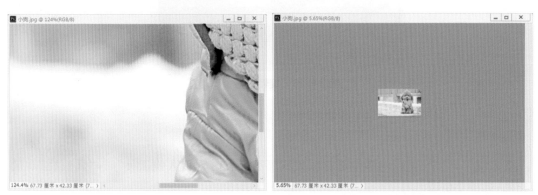

图 2-6-19　进行放大　　　　　　　　　图 2-6-20　进行缩小

6.2.2　放大镜工具的属性栏

（1）打开素材"小猫"（如图 2-6-21），勾选"调整窗口大小以满屏显示"（如图 2-6-22）。

图 2-6-21　打开素材"小猫"

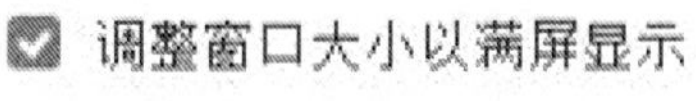

图 2-6-22　勾选"调整窗口大小以满屏显示"

（2）选择"放大镜工具" 🔍 多次单击素材，得到最终效果（如图 2-6-23）。

图 2-6-23　最终效果

（3）勾选"缩放所有窗口"后使用"放大镜工具" 🔍 ，所有窗口的图片同时进行缩放（如图 2-6-24）；勾选"细微缩放"（如图 2-6-25），缩放过程的细节将会显示。

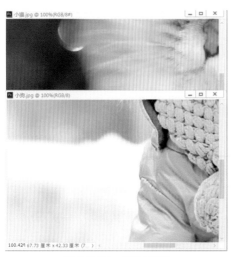

图 2-6-24　同时缩放 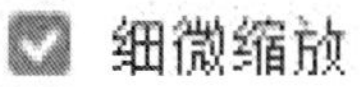　　　　　　　　　　　　图 2-6-25　细微缩放

6.3　吸管工具

吸管工具 🖋 可用来吸取颜色，但只能吸取一种，吸取的颜色为某一点的周围像素的平均色，当选择"吸管工具"时，"属性栏"也随之变化（如图 2-6-26）。

图 2-6-26 "吸管工具"属性栏

取样大小：吸取颜色时像素的范围。

样本：吸取颜色的模式。

显示取样环：勾选后，将显示取样环。

6.3.1 吸管工具的实际操作

（1）打开素材"夜景"吸取颜色（如图 2-6-27），选择"吸管工具" 。

（2）图片中的圆环即为取样环，上半部分是吸取的颜色，下半部分是前景色 （如图 2-6-28）。

图 2-6-27 打开素材"夜景"

图 2-6-28 取样环

（3）此时"前景色" 变为"吸取颜色"，可选择"画笔工具" 进行绘制（如图 2-6-29）。

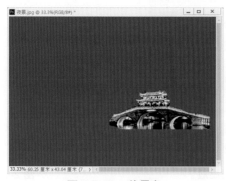

图 2-6-29 前景色

6.3.2 吸管工具的属性栏

（1）在 Photoshop 中打开素材"色彩"（如图 2-6-30）。

（2）选择"吸管工具" ，单击"属性栏"中"取样大小"（如图 2-6-31）。

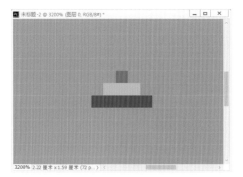

图 2-6-30　打开素材"色彩"

取样点
3 x 3 平均
5 x 5 平均
11 x 11 平均
31 x 31 平均
51 x 51 平均
101 x 101 平均

图 2-6-31　取样大小

（3）"取样大小"中的选项很多，分为"取样点"与"数值平均"两大项，选择"取样点"使用"吸管工具"，在素材上吸取绿颜色，只对当前选择的绿色像素点取样（如图 2-6-32），观察"前景色"与取样的颜色一致（如图 2-6-33）。

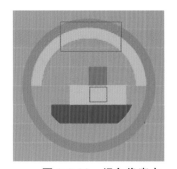

图 2-6-32　绿色像素点

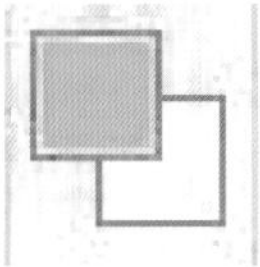

图 2-6-33　前景色

（4）在"取样大小"中选择"3×3 平均"，使用"吸管工具"在素材上吸取绿色像素点，吸取到的颜色是以绿色像素点为中心向四周扩展 3×3 九个像素面积的颜色的混合色（如图 2-6-34），观察"前景色"的颜色（如图 2-6-35），以此类推，5×5 和 11×11 即 25 个像素面积的颜色的混合色和 121 个像素面积的颜色的混合色。

图 2-6-34　混合色

图 2-6-35　前景色

（5）打开素材"街景"（如图 2-6-36），在"图层"面板中选择"蓝"通道（如图 2-6-37）。

图 2-6-36　打开素材"街景"

图 2-6-37　图层面板中选择"蓝"通道

（6）打开"属性栏"中"样本"，其中包含五种样式（如图 2-6-38）。

当前图层
当前和下方图层
所有图层
所有无调整图层
当前和下一个无调整图层

图 2-6-37　样本

（7）选择"当前图层"使用"吸管工具" ，在素材上吸取颜色，只能吸取到选择的
"蓝"通道颜色（如图 2-6-39）；选择"当前和下方图层"使用"吸管工具" ，在素材上吸
取颜色，可以吸取到选择的"蓝"通道颜色与"街景"通道颜色（如图 2-6-40）；选择"所有图
层"使用"吸管工具" ，在素材上吸取颜色，可以吸取全部通道颜色（如图 2-6-41）；选择
"所有无调整图层"即吸取未被调整过的图层；选择"当前和下一个无调整图层"即吸取选择
的图层与下方未被调整过的图层（调整图层后面的章节将会介绍）。

图 2-6-39　当前图层

图 2-6-40　当前和下方图层

图 2-6-41　所有图层

（8）不勾选"显示取样环"（如图 2-6-42），在吸取颜色时将不会显示"取样环"（如图 2-6-
43）；反之，则显示取样环。

图 2-6-42　不勾选"显示取样环"

图 2-6-43　不显示取样环

6.3.3　吸管工具的隐藏命令

（1）鼠标右键单击"吸管工具"，打开隐藏命令（如图 2-6-44）。（"3D 材质吸管工具"配合三维课程制作，这里不做讲解）

（2）打开素材"小镇"（如图 2-6-45），选择"颜色取样器工具"，在"窗口"中选择"信息"（如图 2-6-46）。

图 2-6-44　"吸管工具"隐藏命令　　　　　　　图 2-6-45　打开素材"小镇"

图 2-6-46　信息

（3）打开素材"礼花"（如图 2-6-47），选择"标尺工具"。

（4）使用"标尺工具"测量蓝色礼花直径，在礼花一侧单击鼠标再将鼠标拖动到另一侧即可（如图 2-6-48）。

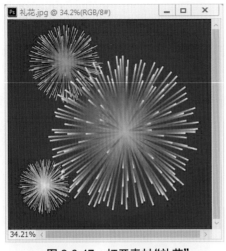

图 2-6-47　打开素材"礼花"

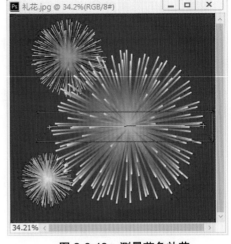

图 2-6-48　测量蓝色礼花

（5）观察"属性栏"显示内容（如图 2-6-49），X 和 Y 代表标尺的坐标，W 和 H 代表被测量物体的宽度与高度，A 代表标尺与图片的夹角，L 代表标尺本身的长度。

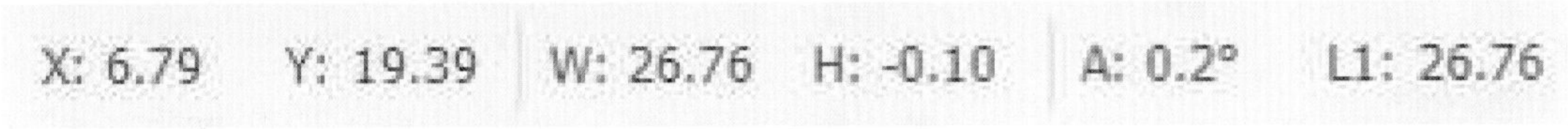

X: 6.79　　Y: 19.39　　W: 26.76　　H: -0.10　　A: 0.2°　　L1: 26.76

图 2-6-49　标尺数据

（6）标尺的单位默认为"厘米"，也可在"编辑"—"首选项""单位与标尺"中更改（如图 2-6-50）。

（7）打开素材"高楼"（如图 2-6-51），选择"注释工具" 。

图 2-6-50　单位与标尺　　　　　　　图 2-6-51　打开素材"高楼"

（8）使用"注释工具" 在高楼旁单击鼠标左键，在出现的"注释"面板中输入"白色高楼"文字（如图 2-6-52），也可在素材上创建多个"注释"以便于更好地完成图片的编辑。

图 2-6-52　输入文字

（9）打开素材"鸟群"（如图 2-6-53），选择"计数工具" ^{123}。

（10）在"属性栏"中将"颜色"变为"黑色"，"标记大小"设为"10"，"标签大小"设为"30"，使用"计数工具" ^{123} 在"鸟群"相应位置单击（如图 2-6-54），使计数工作一目了然。

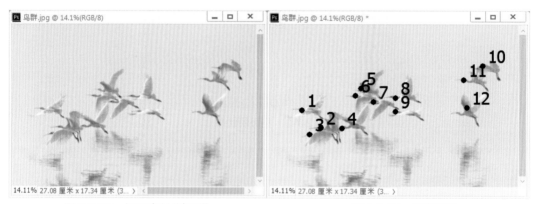

图 2-6-53　打开素材"鸟群"　　　　　　　　图 2-6-54　标记数量

7　Photoshop 工具的操作使用

通过上面章节的学习，同学们对 Photoshop 的各种工具有了一定了解与认识，工具的使用是 Photoshop 学习的基础，是否能够恰到好处地运用每个工具，关系到一个作品的最终效果。单独使用某一个工具并不困难，但是想要合理有效地综合使用这些工具，还需花时间不断尝试每个工具的独特属性。下面，我们通过案例的制作，巩固一下之前所学习的内容。

7.1　案例实战——水果鱼缸

（1）打开 Photoshop 创建文档（如图 2-7-1），在图层中单击"解锁" 🔒，并且单击"关闭显示" 👁 （如图 2-7-2），使"新建文档"呈透明状态（如图 2-7-3）。

图 2-7-1　创建文档　　　　　　　　　　　图 2-7-2　关闭显示

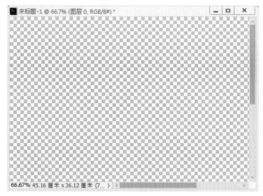

图 2-7-3　呈透明状态

（2）选择"文件"—"打开"将素材"橙 1"导入工作面板（如图 2-7-4），对图片进行解锁。

（3）使用"钢笔工具" ✏.将图片中的橙子选中（如图 2-7-5）。（对细节进行勾勒时，可以使用"放大镜工具" 🔍 进行配合）

图 2-7-4　打开素材"橙 1"　　　　　　　　图 2-7-5　选中橙子

（4）在素材上单击鼠标右键选择"建立选区"（如图 2-7-6），弹出"新建选区"对话框（如

图 2-7-7），单击"确定"，路径变为选区样式显示（如图 2-7-8）。

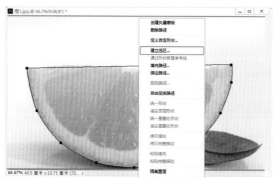

图 2-7-6 选择"建立选区"

图 2-7-7 "建立选区"对话框

图 2-7-8 选区样式

（5）选择"选择"—"反选"（如图 2-7-9），将"橙子"以外其他图像选中，按键盘"Delete"键进行删除（如图 2-7-10）。

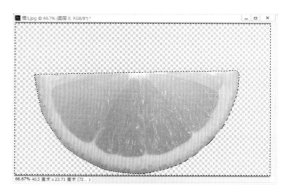

图 2-7-9 "反选"命令

图 2-7-10 保留橙子

（6）选择"选择"—"取消选择"（如图 2-7-11），使用"移动工具" ✛·将橙子拖到"新建文档"中（如图 2-7-12）。

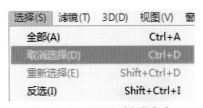

图 2-7-11　"取消选择"命令

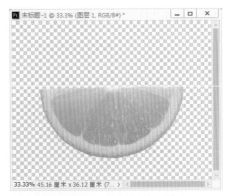

图 2-7-12　拖到新建文档中

（7）再次使用"钢笔工具" ，将图片中的橙肉选中（如图 2-7-13），转换为"选区"进行删除（如图 2-7-14）。

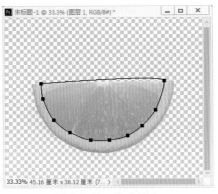

图 2-7-13　选中橙肉

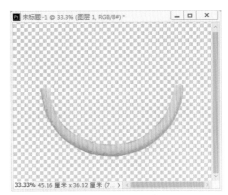

图 2-7-14　进行删除

（8）选择"文件"—"打开"，将素材"水面"导入工作面板（如图 2-7-15），使用"移动工具" ，将"水面"拖到"新建文档"中（如图 2-7-16）。

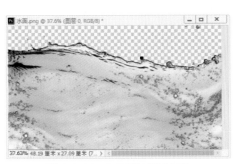

图 2-7-15　打开素材"水面"

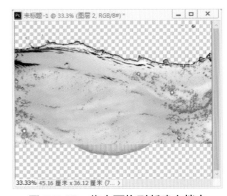

图 2-7-16　将水面拖到新建文档中

（9）选择"编辑"—"自由变换"（如图 2-7-17），"水面"被选中，利用选框的控制点将"水面"缩放到橙皮大小（如图 2-7-18）。

图 2-7-17　自由变换

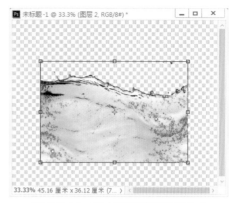

图 2-7-18　将水面缩放到橙皮大小

（10）单击鼠标右键选择"变形"（如图 2-7-19），利用"变形手柄"将"水面"调节为"橙子"形状（如图 2-7-20）。

图 2-7-19　变形

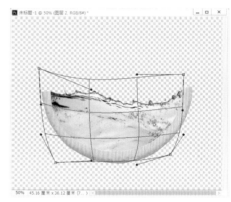

图 2-7-20　调节水面

（11）使用"污点修复画笔工具" ，减少"水面"的气泡（如图 2-7-21）。

图 2-7-21　减少水面气泡

（12）在"图层"中选择"图层 1""图层 2"（如图 2-7-22），选择"编辑"—"自由变换"进行缩小（按键盘"Shift"键等比例缩放）与旋转（如图 2-7-23）。

图 2-7-22　选择图层

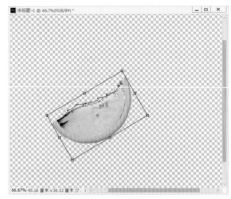

图 2-7-23　缩小与旋转

（13）将素材"浪花"导入选取部分图像（如图 2-7-24），利用所学习的工具使之与"水面"相结合（如图 2-7-25）。

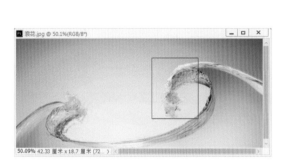

图 2-7-24　选取图像

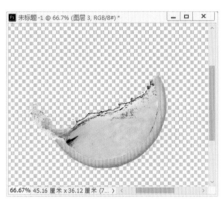

图 2-7-25　与水面相结合

（14）将"橙 1"拖入"新建文档"，放到"图层 1"之下（如图 2-7-26），并调节角度与比例（如图 2-7-27）。

图 2-7-26　将"橙 1"放到图层 1 之下

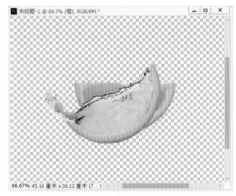

图 2-7-27　调节"橙 1"角度与比例

（15）将"橙 2"导入"新建文档"，放到"图层 1"之下（如图 2-7-28），并调节角度与比例（如图 2-7-29）。

图 2-7-28　将"橙 2"放到图层 1 之下

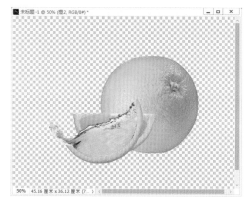

图 2-7-29　调节"橙 2"角度与比例

（16）单击"图层面板"—"创建新图层" ，将新建"图层 4"放到"图层 2"之下（如图 2-7-30），将"前景色"调节为"蓝黑色" ，在"图层 4"中为所有橙子绘制阴影（如图 2-7-31）。

图 2-7-30　将"图层 4"放到图层 2 之下

图 2-7-31　绘制阴影

（17）将"图层 0"显示 出来，在"渐变工具" 中选择"径向渐变"进行调节（如图 2-7-32），灰色为"RGB195，202，197"，白色为"RGB255，255，255"，不透明度为"100%"，在"图层 0"进行渐变编辑，效果如图 2-7-33 所示。

图 2-7-32　渐变工具

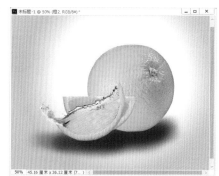

图 2-7-33　渐变编辑

（18）将素材"鱼1"和"鱼2"进行抠图处理，放置在"水面"之中，作品大致完成，再使用学习过的工具修改瑕疵，检查作品合格后进行保存，最终效果如图2-7-34所示。

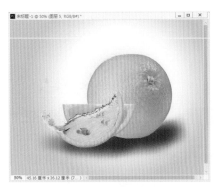

图2-7-34   最终效果

7.2   案例实战——消除背景

（1）在 Photoshop 打开素材"长发"（如图2-7-35），并且在图层中解锁。

图2-7-35   打开素材"长发"

（2）图片中的女人头发被风吹起四散飘扬，将其与背景分离十分困难，下面为大家介绍一种简便快捷的抠图方法。选择"背景橡皮擦工具" ，调节"属性栏"中"取样"为"背景色板"，"限制"为"不连续"，"容差"为"50%"，勾选"保护前景色"（如图2-7-36）。

图2-7-36   "背景橡皮擦工具"属性栏

（3）选择"前景色" ，出现"拾色器" ，拾取素材中头发的颜色（如图2-7-37），此时"前景色"也发生变化 。

（4）选择"背景色" ，出现"拾色器" ，拾取素材中背景的颜色（如图2-7-38），此时

"背景色"也发生变化 。

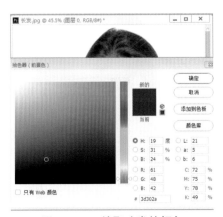

图 2-7-37 拾取头发的颜色

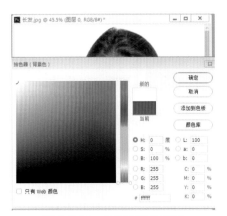

图 2-7-38 拾取背景的颜色

（5）使用"背景橡皮擦工具"，对素材进行涂抹，在涂抹到白色背景时，背景消失显示为透明，而头发部分不会消除（如图 2-7-39）。

（6）当"背景橡皮擦工具"涂抹到皮肤时，皮肤也会被擦除显示透明（如图 2-7-40）。

图 2-7-39 涂抹后背景显示为透明

图 2-7-40 皮肤显示透明

（7）此时，选择"前景色"，出现"拾色器"，拾取需要被擦除背景附近皮肤的颜色（如图 2-7-41），此时"前景色"也发生变化 。

（8）再次对剩余背景进行擦除得到最终效果（如图 2-7-42），如果再次将需要保留的图像擦除，可重复步骤（7）使用"前景色"拾取需要保留的颜色。

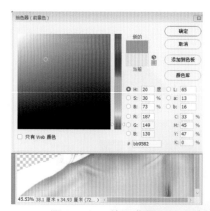

图 2-7-41　拾取背景附近皮肤的颜色　　　　　图 2-7-42　最终效果

（9）在 Photoshop 中打开素材"背景"（如图 2-7-43）。

（10）将编辑完成的素材"长发"拖入到素材"背景"中（如图 2-7-44），大家观察效果，素材"头发"已经完全脱离背景，特别是复杂凌乱的头发丝完整的保留下来，形成一个独立层级，方便以后的制作需要

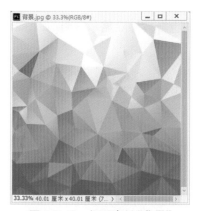

图 2-7-43　打开素材"背景"　　　　　图 2-7-44　合成效果

第三章　选择技巧与色彩调节

知识重点

✧ 掌握选择命令的使用方法与操作技巧
✧ 掌握色彩控制工具的使用与色彩调节的思路

职业素养

无论是文化事业还是文化产业,都要坚持文以载道、弘道兴文,繁荣有理想的文化事业、壮大有灵魂的文化产业。要把培育和弘扬社会主义核心价值观作为根本任务,创作属于这个时代、具有鲜明中国风格的优秀作品,创作生产更多健康向上、品质优良的文化产品,更好构筑中国精神、中国价值、中国力量。

引言

本章主要介绍 Photoshop CC 的选择技巧与色彩调节。"选择"是图形图像编辑的基础操作,通常只有选定图像的范围才能进行进一步编辑,而多数的图像编辑,就是色彩的管理与图像色彩的调节,通过各种色彩的编辑工具调节出理想的色彩效果。可以说,选择与色彩是相互配合、相互依托的,熟练掌握两者的操作方法与技巧,对图像编辑是否"完美"起着关键作用。通过本章的学习大家可以掌握选择技巧与色彩调节方法,为图像的编辑创建坚实的基础。

1　选择的作用与操作

在 Photoshop 中,选择范围是一种基础的操作,因为对于大多数图像来说,编辑、修改、调节都是在一个范围内进行的,当在选择范围之内进行操作时,选择范围之外的部分则不会受到编辑的影响,这样有利于图片整体的编辑,也方便大家的操作。

选择的操作并不复杂,但是非常重要,可以说如果没有选择,图像就没有更加深入的编辑效果,所以说"选择"是 Photoshop 中操作的基础,大家一定要认真学习,熟练掌握关于"选择"的各种使用方法。(Photoshop 也提供了多种选取工具,例如上一章介绍过的框选工具、套索工具和魔棒工具等,大家可以根据不同的需求使用不同工具进行图像范围的选择,这里不再对以上工具进行介绍,相关知识大家可以参考第二章)

1.1　选择的基础操作

选择的基本操作包含全部选择、取消选择、反向选择等,大家在使用过程中不但要能在菜单中寻找到关于"选择"的命令,更要熟练使用关于"选择"命令的快捷键(快捷键在每一个命令后方标明显示),以便于提高图形图像处理工作的效率与准确度。Photoshop 的菜单中提供了一个范围选择的命令集合,这就是"选择"菜单(如图 3-1-1)。

图 3-1-1　"选择"菜单

1.1.1　全部选择

全部选择用于将全部的图像设定为选择范围,当要对整个图像进行编辑处理时,可以使用"全选"命令。

(1)在 Photoshop 中打开素材"枫叶"(如图 3-1-2)

图 3-1-2　打开素材"枫叶"

（2）单击"选择"—"全部"命令（注意后方"Ctrl+A"即快捷命令）（如图 3-1-3），选中全部素材（如图 3-1-4）。

图 3-1-4　选中全部素材

1.1.2　取消选择

取消选择用于将当前的所有选择范围取消。

单击"选择"—"取消选择"命令（如图 3-1-5），此时被选择的范围将会取消（如图3-1-6）。

图 3-1-6　取消选择范围

图 3-1-3　"全部"命令

图 3-1-5　"取消选择"命令

1.1.3　重新选择

重新选择用于恢复取消选择命令撤销的选择范围，重新进行选择，并与上一次选择的范围相同。

（1）在 Photoshop 中打开素材"雏菊"（如图 3-1-7）。

（2）单击"矩形框选工具" ⬚ ，只对花朵进行选择（如图 3-1-8）。

图 3-1-7　打开素材"雏菊"　　　　　　图 3-1-8　选择花朵

（3）由于误操作将选区取消掉，如果再次选择一个与步骤（2）的选择范围完全一致的范围是非常困难的，这时可以单击"选择"—"重新选择"（如图 3-1-9），步骤（2）的选择范围重新被选择上（如图 3-1-10）。

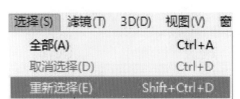

图 3-1-9　"重新选择"命令　　　　　　图 3-1-10　范围重新被选择

1.1.4　反向选择

反向选择用于将图像中选择的范围和非选择的范围进行互换。

（1）单击"矩形框选工具"　，只对花蕊进行选择（如图 3-1-11）。

图 3-1-11　选择花蕊

（2）此时，需要选择除花蕊以外的范围，可以单击"选择"—"反选"（如图 3-1-12），这样其他范围将被选择（如图 3-1-13）。

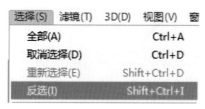

图 3-1-12　"反选"命令　　　　　　　　　　图 3-1-13　反选后的范围

1.2　选择的常用操作

选择的基本操作包含扩大选取、选取相似、变换选区等，在基础选择的命令上，进一步深入学习选择命令，对图像编辑的最终效果会有很大的帮助。

1.2.1　扩大选取与选取相似

扩大选取与选取相似有相似之处但也有本质的区别，相似之处，两者都是向外扩展选择相同色彩的范围，区别是扩大选取是选择相邻的范围中与原选择范围中颜色相似的内容；选取相似则是按颜色的近似程度扩大选择范围，这些扩展的选择范围不一定与原选择范围相邻。

（1）在 Photoshop 中打开素材"闹表"（如图 3-1-14）。

（2）单击"矩形框选工具" ，对素材"闹表"底座进行选择（如图 3-1-15）。

图 3-1-14　打开素材"闹表"　　　　　　　　图 3-1-15　选择底座

（3）单击"选择"—"扩大选取"命令（如图 3-1-16），观察素材效果（如图 3-1-17）。

图 3-1-16　"扩大选取"命令　　　　　图 3-1-17　选择附近相同颜色

（4）单击"矩形框选工具" ⌞⌝ ，对素材"闹表"底座进行选择（如图 3-1-18）。

（5）单击"选择"—"选取相似"命令（如图 3-1-19），观察素材效果（如图 3-1-20）。

图 3-1-18　再次选择底座　　　图 3-1-19　"选取相似"命令　　　图 3-1-20　选择相同颜色

1.2.2　变换选区

变换选区用于对选区进行变形操作，选择此工具后，选区的边框上将出现 8 个小方块（控制点），把鼠标放到小方块上，可以拖动小方块改变选区的尺寸，如果鼠标在选区以外将变为旋转式指针，拖动鼠标即可控制选区在任意方向上旋转。

（1）在 Photoshop 中打开素材"房屋"（如图 3-1-21）。

图 3-1-21　打开素材"房屋"

（2）使用"矩形框选工具" ⬚ ，选择部分素材，单击"选择"—"变换选区"命令（如图3-1-22），素材四周出现小方块（控制点）（如图3-1-23）。

（3）按键盘"Shift"键配合鼠标左键对四个角的小方块（控制点）进行移动，可以等比例缩放选区（如图3-1-24），按键盘"Alt"键配合鼠标左键可以对某一个小方块（控制点）单独进行移动（如图3-1-25）。

图 3-1-22　"变换选区"命令

图 3-1-23　出现小方块（控制点）

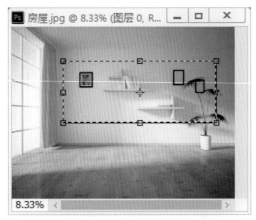
图 3-1-24　等比例缩放选区

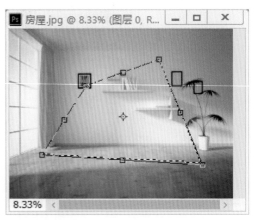
图 3-1-25　移动控制点

1.2.3　存储选区与载入选区

存储选区用于将当前的选择区域存放到一个新的通道中，可以在"存储选区"对话框中设置保存通道的图像文件和通道的名称。

载入选区用于调出 Alpha 通道（记录图像中的透明度信息，定义透明、不透明和半透明区域，其中黑色表示透明，白色表示不透明，灰色表示半透明）中的选择区域，可以在"载入选区"对话框中设置通道所在的图像文件以及通道的名称。

（1）在 Photoshop 中打开素材"蜥蜴"（如图 3-1-26）。

（2）选择"魔棒工具" ，单击素材空白处（如图 3-1-27），再单击"选择"—"反选"（如图 3-1-28），选择到蜥蜴图像（如图 3-1-29）。

图 3-1-26　打开素材"蜥蜴"

图 3-1-27　选择蜥蜴图像

图 3-1-28　"反选"命令

图 3-1-29　选择到蜥蜴图像

（3）单击"选择"—"储存选区"（如图3-1-30），可以在弹出的对话框中创建名为"绿色蜥蜴"的选区（如图3-1-31），单击"确定"按钮。

图3-1-30　"储存选区"命令　　　　　　　图3-1-31　创建"绿色蜥蜴"选区

（4）观察"通道"面板中出现"绿色蜥蜴"图层（如图3-1-32），白色的背景在通道中显示出黑色的蒙版，而蜥蜴是用白色部分表示的（如图3-1-33），保留Alpha通道图层方便以后的图像编辑工作。

图3-1-32　"通道"面板　　　　　　　图3-1-33　Alpha通道

（5）单击"通道"面板中的"RGB"（如图3-1-34），再单击"图层"面板，将素材"星辰"拖入素材"蜥蜴"中（如图3-1-35）。

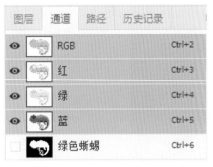

图 3-1-34　"通道"面板"RGB"

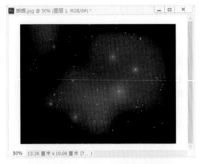

图 3-1-35　拖入素材"星辰"

（6）单击"选择"—"载入选区"（如图 3-1-36），可以在弹出的对话框中"通道"中选择"绿色蜥蜴"（如图 3-1-37），单击"确定"按钮。

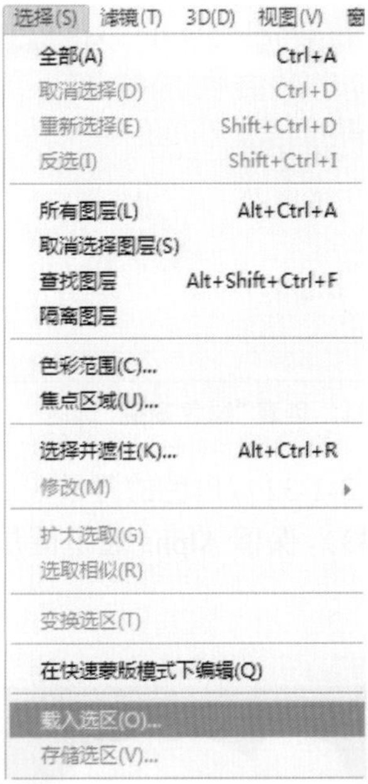

图 3-1-36　"载入选区"命令

图 3-1-37　选择"绿色蜥蜴"通道

（7）在素材"星辰"上出现一个"蜥蜴"选区（如图 3-1-38），此时可以使用学习过的各种工具对"蜥蜴"选区进行编辑，例如选择"渐变工具""径向渐变""透明彩虹渐变"（如图 3-1-39），对"蜥蜴"选区填充颜色，得到效果如图 3-1-40 所示。

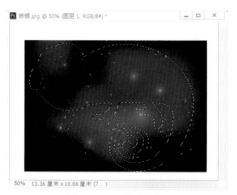

图 3-1-38 蜥蜴选区

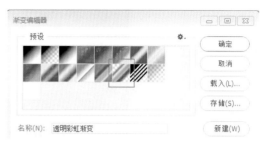

图 3-1-39 在渐变编辑器中选择

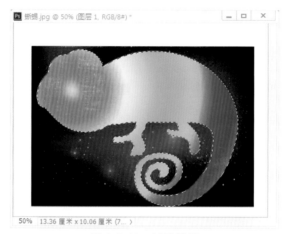

图 3-1-40 最终效果

1.3 选择的高级操作

对于规则的范围、区域进行选择相对简单,对于不规则或特殊的范围、区域进行选择,就需要通过一些特殊的命令未完成,例如色彩范围、修改等命令。

1.3.1 色彩范围

根据取样的颜色,可以更加准确、快速地选择色彩范围(按照对话框中设置的色彩范围对图像中的色彩范围进行选择,类似"魔棒工具"),还可以对选择的色彩范围进行调整。

(1)在 Photoshop 中打开素材"荷花"(如图 3-1-41)。

图 3-1-41　打开素材"荷花"

（2）单击"选择"—"色彩范围"（如图 3-1-42），将中间的荷花（如图 3-1-43）与背景分离。（工具箱中许多工具可以实现，但是效果不是十分理想）

图 3-1-42　"色彩范围"命令　　　　　　　　图 3-1-43　抠出荷花图像

（3）弹出"色彩范围"对话框，白色显示为选择颜色，黑色为未选择颜色（如图 3-1-44）。

"选择"：抠图时一般选取样颜色，用吸管选取颜色。下拉菜单中还包括指定颜色和灰度（高光、中间调、阴影）的功能，使用更加灵活；勾选"检测人脸"可针对人皮肤进行准确选择；勾选"本地化颜色簇"可进行连续选择。

"颜色容差"：可移动滑块或输入数字来确定取样颜色范围；

"范围"：可选区范围的大小。

"普通吸管（左）"只选择当前取样的图像；"加色吸管（中）"每次选择都有效，选区叠加；"减色吸管（右）"产生选区后，用它去掉某种颜色得到准确范围。

勾选"选择范围"可在建立选区后，在预览框中只预览选区，一般选择此项。

勾选"图像"可在预览框中预览整个图像。

"选区预览"：选择查看选区的方式，一般用黑色杂边（未选的部分是黑色）即可。

"反相"：选择非取样区域。

（4）继续使用"颜色容差""范围""加色吸管（右）" "减色吸管" 对"选择范围"进行调节，黑白颜色对比越强烈越有利于最终效果显示（如图 3-1-45）。

图 3-1-44 "色彩范围"对话框

图 3-1-45 调节色彩范围

（5）单击"确定"得到选择范围（如图 3-1-46），再单击"选择"—"反选"（如图 3-1-47）选择背景。

图 3-1-46 选择范围

图 3-1-47 "反选"命令

（6）按键盘"Delete"键将背景删除（如图 3-1-48），得到"荷花"图像（如图 3-1-49）。

图 3-1-48 删除背景

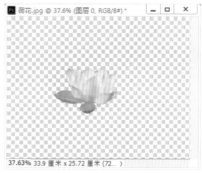

图 3-1-49 荷花图像

1.3.2　修改

修改功能用于修改选区的边缘设置，它的子菜单中有五个选项，包括"边界""平滑""扩展""收缩"和"羽化"。

1.3.2.1　边界

边界功能用来选择现有边界的内部或是外部的像素。

（1）在 Photoshop 中打开素材"火焰"（如图 3-1-50），使用"魔棒工具" ✐ 单击素材"火焰"空白处（如图 3-1-51）。

图 3-1-50　打开素材"火焰"　　　　　　　　图 3-1-51　选择火焰

（2）先单击"选择"—"反向"选择"火焰"图像（如图 3-1-52），再单击"选择"—"修改"—"边界"，弹出"边界选区"对话框，设置宽度为 30 像素（"宽度"数值大小即"边界"的大小）（如图 3-1-53），得到最终效果如图 3-1-54 所示。

图 3-1-52　反选火焰

图 3-1-53　"边界选区"对话框

图 3-1-54　最终效果

1.3.2.2　平滑

平滑功能可减少选区边界不规则的位置,创建更平滑的轮廓。

(1)在 Photoshop 中打开素材"蝴蝶"(如图 3-1-55)。

(2)使用"多边形套索工具" ⊱.对素材进行选择(如图 3-1-56),选择的范围有一些角度很难保持平滑。

(3)单击"选择"—"修改"—"平滑",弹出"平滑选区"对话框,取样半径设为 30 像素("取样半径"数值大小即"平滑"角度的大小)(如图 3-1-57),得到最终效果如图 3-1-58所示。

图 3-1-55　打开素材"蝴蝶"

图 3-1-56　选择素材

图 3-1-57　"平滑选区"对话框

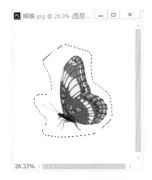

图 3-1-58　最终效果

1.3.2.3　扩展

扩展功能可扩展选区的边界,对柔化边缘有不错的效果。

(1)在 Photoshop 中打开素材"钢琴"(如图 3-1-59)。

(2)使用"魔棒工具" 单击素材"钢琴"空白处(如图 3-1-60)。

图 3-1-59　打开素材"钢琴"

图 3-1-60　选择空白处

(3)先单击"选择"—"反向"选择"钢琴"图像(如图 3-1-61),再单击"选择"—"修改"—"扩展",弹出"扩展选区"对话框,将扩展量设为 30 像素("扩展量"数值大小即"扩展"范围的大小)(如图 3-1-62),得到最终效果如图 3-1-63 所示。

图 3-1-61　反选钢琴

图 3-1-62　"扩展选区"对话框

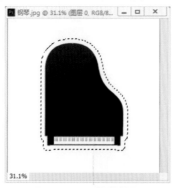

图 3-1-63　最终效果

1.3.2.4　收缩

收缩功能可收缩选区边界,用于移除边界的多余颜色。

(1)在 Photoshop 中打开素材"彩笔"(如图 3-1-64),使用"魔棒工具" ✎ 单击素材"彩笔"空白处(如图 3-1-65)。

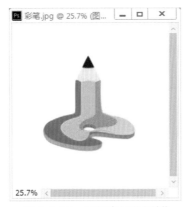

图 3-1-64　打开素材"彩笔"

图 3-1-65　选择空白处

(2)先单击"选择"—"反向"选择"彩笔"图像(如图 3-1-66),再单击"选择"—"修改""收缩",弹出"收缩选区"对话框,将收缩量设为 10 像素("收缩量"数值大小即"收缩"范围的大小)(如图 3-1-67),得到最终效果如图 3-1-68 所示。

图 3-1-66　反选彩笔

图 3-1-67　"收缩选区"对话框

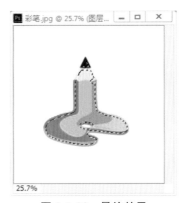

图 3-1-68　最终效果

1.3.2.5　羽化

羽化功能可用于在选区与周围像素之间创建柔化过渡。

（1）在 Photoshop 中打开素材"梅花"（如图 3-1-69），使用"魔棒工具" 单击素材"梅花"空白处（如图 3-1-70）。

 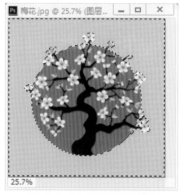

图 3-1-69　打开素材"梅花"　　　　　图 3-1-70　选择梅花背景

（2）单击"选择"—"修改"—"羽化"，弹出"羽化选区"对话框 将羽化半径设为 80 像素（"羽化半径"数值大小即"羽化"范围的大小）（如图 3-1-71），羽化效果如图 3-1-72 所示。

图 3-1-71　"羽化选区"对话框　　　　　图 3-1-72　羽化效果

（3）将"前景色"变为"白色" ，选择"编辑"—"填充"，弹出"填充"对话框，在"内容"中选择"前景色"（如图 3-1-73），单击"确定"，羽化最终结果如图 3-1-74 所示。（如果需要加强"羽化"效果，可以使用填充前景色快捷键"Alt+Delete"或者填充背景色快捷键"Ctrl+Delete"多次进行羽化）

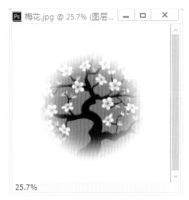

图 3-1-73　"填充"对话框　　　　　　　图 3-1-74　羽化最终结果

2　色彩调节的作用与操作

　　图像的色彩调节是图像编辑中重要的环节之一,很多优秀的作品就是由于其有出色的色彩调节,一幅图像在视觉效果上的 好坏与图像的色彩密切相关,对于图像内容的传递也十分重要。可以说,好的图像就有好的色彩。所以,大家须学习如何管理与调节色彩,如何判断色彩的分布是否合理,如何通过各种色彩调节命令将图像编辑出理想效果。

2.1　色彩调节的基础知识

　　(1)在对图像进行色彩调节之前,我们应该对其基础操作有所了解。首先,确定是对整幅图像进行色彩调节,还是对选区内图像进行色彩调节,例如涂鸦原图(如图 3-2-1)、全部色彩调节(如图 3-2-2)、选区色彩调节(如图 3-2-3)。

图 3-2-1　涂鸦原图　　　　　　　　图 3-2-2　全部色彩调节

图 3-2-3　选区色彩调节

（2）关于色彩调节的命令均在"图像"—"调整"命令中（如图 3-2-4）。

图 3-2-4　"调整"命令

（3）在打开某一调整命令的对话框时，按住键盘"Alt"键，对话框的"取消"键将变成"复位"键（如图 3-2-5），可将数值恢复为默认状态（如图 3-2-6）。

图 3-2-5　"复位"键

图 3-2-6　默认状态

2.2　亮度／对比度

（1）在 Photoshop 中打开素材"艺术"（如图 3-2-7）。

图 3-2-7　打开素材"艺术"

（2）选择"图像"—"调整"—"亮度／对比度"命令（如图 3-2-8），"亮度／对比度"即负责调整图像的亮度与对比度效果。"亮度"输入数值为负数，图像亮度降低；输入数值为正数，图像亮度提高；输入数值为零图像无变化。"对比度"输入数值为负数，图像对比度降低；输入数值为正数，图像对比度提高；输入数值为零图像无变化。在"亮度／对比度"对话框中可通过输入数值或拖动滑块改变数值（如图 3-2-9）。

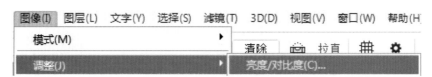

图 3-2-8　"亮度／对比度"命令

图 3-2-9　"亮度／对比度"对话框

（3）当"亮度"和"对比度"数值为最大正数时，效果如图 3-2-10 所示；当数值为最小负数时，效果如图 3-2-11 所示。

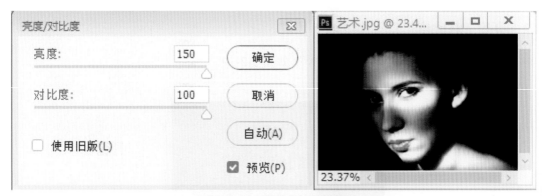

图 3-2-10　最大正数时效果

图 3-2-11　最小负数时效果

2.3　色阶

（1）在 Photoshop 中打开素材"城市"（如图 3-2-12）。

图 3-2-12　打开素材"城市"

（2）选择"图像"—"调整"—"色阶"命令（如图 3-2-13），色阶用于调整图像的明暗度,可利用"高光""中间调""暗调"三个选项进行调节。

图 3-2-13　"色阶"命令

（3）弹出"色阶"对话框（如图 3-2-14）。"通道"选择需要的颜色通道。"输入色阶"分为三部分,最左的部分负责暗调,取值范围 0~253;中间部分负责中间调,取值范围 0.1~9.99;最右的部分负责高光,取值范围 0~255。"输出色阶"分为两部分,左边部分负责提高暗调;右边部分负责降低高光部分。"自动"命令适合像素值比较平均的图像,自动分配暗调、中间调、高光比例。"选项"改变目标颜色与修建的默认值。"吸管"分为三部分,使用左边"黑吸管"将减去吸管吸取像素的亮度值,图像变暗;使用中间"灰吸管"将以吸管吸取像素的亮度值,调整像素亮度;使用右边"白吸管"将增加吸管吸取像素的亮度值,图像变亮。

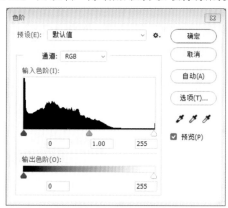

图 3-2-14　"色阶"对话框

（4）在"色阶"对话框中将"输入色阶"的"中间调"设为"1.5","高光"设为"150",效果如图 3-2-15 所示。

图 3-2-15　调节效果

2.4　曲线

（1）在 Photoshop 中打开素材"肖像"（如图 3-2-16）。

图 3-2-16　打开素材"肖像"

（2）选择"图像"—"调整"—"曲线"命令（如图 3-2-17），"曲线"命令是最灵活丰富的调节命令之一，可以调整曲线上的任意一点。

图 3-2-17　"曲线"命令

（3）弹出"曲线"对话框（如图 3-2-18），"输入"显示原图的图像亮度；"输出"显示编辑后的图像亮度；" 〜 "通过产生节点改变曲线走势；" ✎ "可以在图表中任意绘制出曲线走势。

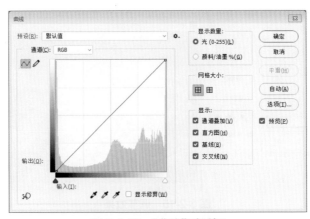

图 3-2-18　"曲线"对话框

（4）调节曲线走势可以改变图像的色调明暗等效果（如图3-2-19），大家可以编辑曲线不同的走势，观察图像的不同效果。

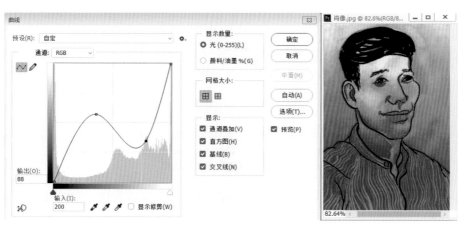

图 3-2-19　调节效果

2.5　曝光度

（1）在 Photoshop 中打开素材"山峰"（如图3-2-20）。

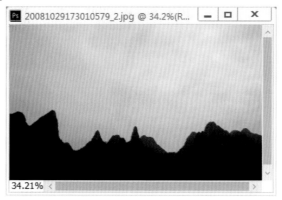

图 3-2-20　打开素材"山峰"

（2）选择"图像"—"调整"—"曝光度"命令（如图3-2-21），"曝光度"命令适用于图像曝光度不准确或曝光过多与过少等情况。

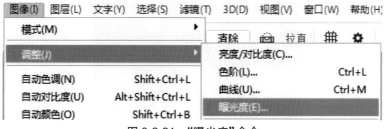

图 3-2-21　"曝光度"命令

（3）弹出"曝光度"对话框（如图3-2-22），"曝光度"负责调节光线的强弱，输入数值

在 −20~20;"位移"负责图像的明暗,数值小图像偏暗,数值大图像偏亮,输入数值在 −5 000~5 000;"灰度系数校正"调整中间色调像素的颜色,输入数值在 −10~10。

图 3-2-22　"曝光度"对话框

（4）调节"曝光度"为"2.63","位移"为"0.0455","灰度系数校正"为"0.9",效果如图 3-2-23 所示。

图 3-2-23　调节效果

2.6　色相／饱和度

（1）在 Photoshop 中打开素材"女人"（如图 3-2-24）。

图 3-2-24　打开素材"女人"

（2）选择"图像"—"调整"—"色相／饱和度"命令（如图 3-2-25），"色相／饱和度"除了可调整图像中色相、饱和度、亮度，还可设定新的色相和饱和度，从而给灰度图像添加颜色。

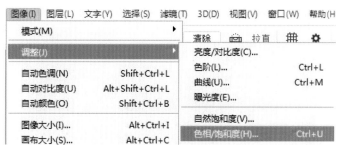

图 3-2-25　"色相／饱和度"命令

（3）弹出"色相／饱和度"对话框（如图 3-2-26），其中"预设"是设置完成的固定参数；"下拉选项"除"全图"是对图像中所有颜色进行编辑外，其余选项则表示对某一颜色进行编辑；"着色"是使一幅灰色图像变成一幅单色的图像；"色相"就是颜色；"饱和度"即颜色的鲜艳程度（纯度），当饱和度为 -100 时图像为灰色；"明度"是指图像的明暗度。

图 3-2-26　"色相／饱和度"对话框

（4）调节"色相／饱和度"选项，"色相"为"180"，"饱和度"为"-64"，"明度"为"-10"，效果如图 3-2-27 所示。

图 3-2-27　调节效果

2.7　色彩平衡

（1）在 Photoshop 中打开素材"狂欢"（如图 3-2-28）。

图 3-2-28　打开素材"狂欢"

（2）选择"图像"—"调整"—"色彩平衡"命令（如图 3-2-29），"色彩平衡"用于编辑图像整体色彩的平衡。

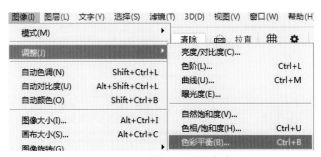

图 3-2-29　"色彩平衡"命令

（3）弹出"色彩平衡"对话框（如图 3-2-30），其中"色彩平衡"可直接在"色阶"文本框中输入数值来调整颜色平衡，或是拖动下面三个滑块完成调整；"色调平衡"包括"阴影""中间调""高光"三个选项，不同的选项负责不同的颜色。

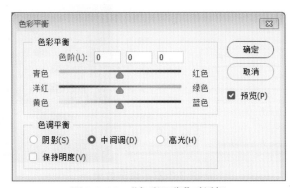

图 3-2-30　"色彩平衡"对话框

（4）在"色阶"中依次输入"+100""+100""-100"，效果如图 3-2-31 所示。

图 3-2-31　调节效果

2.8　黑白

（1）在 Photoshop 中打开素材"水彩"（如图 3-2-32）。

图 3-2-32　打开素材"水彩"

（2）选择"图像"—"调整"—"黑白"命令（如图 3-2-33），"黑白"能将彩色图像转换为灰度或单色图像。

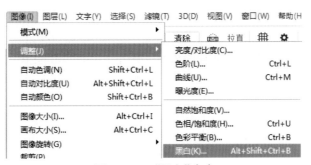

图 3-2-33　"黑白"命令

（3）弹出"黑白"对话框（如图 3-2-34），其中"预设"是设置完成的固定参数；各种颜色选项可控制图像范围内颜色的多少；"色调"控调单色调整；"色相"调整单色的色彩颜色；"饱和度"调整颜色的鲜艳程度（纯度）。

图 3-2-34　"黑白"对话框

（4）当弹出"黑白"对话框时，图像已经变成黑白色（如图 3-2-35），可以通过以上调节命令继续编辑图像的颜色（如图 3-2-36）。

图 3-2-35　黑白色图像

图 3-2-36　编辑图像颜色

2.9　通道混合器

（1）在 Photoshop 中打开素材"云海"（如图 3-2-37），选择"图像"—"调整"—"通道混合器"命令（如图 3-2-38），"通道混合器"是通过颜色混合编辑图像色彩。

图 3-2-37　打开素材"云海"　　　　　　　图 3-2-38　"通道混合器"命令

（2）弹出"通道混合器"对话框（如图 3-2-39），其中"预设"是设置完成的固定参数；"输出通道"可选择要调整的颜色通道；"源通道"可通过拖动滑块或直接在文本框中输入数值进行调整；"常数"可通过拖动滑块或在文本框中输入数值改变输出通道的透明度；"单色"可将彩色图像变成只含灰度值的灰度图像。

图 3-2-39　"通道混合器"对话框

（3）调节"通道混合器"对话框的选项，观察效果（如图 3-2-40）。

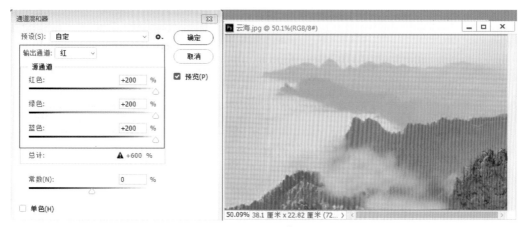

图 3-2-40　调节效果

2.10　反相

（1）在 Photoshop 中打开素材"微笑"（如图 3-2-41）。

图 3-2-41　打开素材"微笑"

（2）选择"图像"—"调整"—"反相"命令（如图 3-2-42），"反相"是将图像转化为负片（类似底片效果）或将负片还原为图像，效果如图 3-2-43 所示。

图 3-2-42　"反相"命令　　　　　图 3-2-43　调节效果

2.11　色调分离

（1）在 Photoshop 中打开素材"泥壶"（如图 3-2-44），选择"图像"—"调整"—"色调分离"命令（如图 3-2-45），"色调分离"是指定图像中每个通道色调的数目，并将这些像素映射为最接近的匹配色调，减少并分离图像的色调。

（2）弹出"色调分离"对话框（如图 3-2-46），其中"色阶"可设置色调变化的程度，该值越小，图像色调变化越大，使用默认数值，效果如图 3-2-47 所示。

图 3-2-44　打开素材"泥壶"

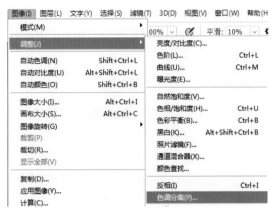

图 3-2-45　"色调分离"命令

图 3-2-46　"色调分离"对话框

图 3-2-47　调节效果

2.12　渐变映射

（1）在 Photoshop 中打开素材"海岸"（如图 3-2-48），选择"图像"—"调整"—"渐变映射"命令（如图 3-2-49），"渐变映射"的作用是改变图像的色彩,使用各种渐变模式对图像的颜色进行调整。

图 3-2-48　打开素材"海岸"

图 3-2-49　"渐变映射"命令

（2）弹出"渐变映射"对话框（如图 3-2-50），"渐变映射"与"渐变工具"的使用方法类似，其中"灰度映射所用的渐变"可选择要使用的渐变色；"仿色"可实行抖动渐变；"反向"可实行反转渐变。

图 3-2-50　"渐变映射"对话框

（3）调节"渐变映射"对话框中的选项（如图 3-2-51），效果如图 3-2-52 所示。

图 3-2-51　调节"渐变映射"选项

图 3-2-52　调节后的效果

2.13　阴影 / 高光

（1）在 Photoshop 中打开素材"男人"（如图 3-2-53）。

（2）选择"图像"—"调整"—"阴影 / 高光"命令（如图 3-2-54），"阴影 / 高光"是对图像局部进行明暗处理（不是单纯地使图像变亮或变暗）。

图 3-2-53　打开素材"男人"

图 3-2-54　"阴影 / 高光"命令

（3）弹出"阴影 / 高光"对话框（如图 3-2-55），当勾选"显示更多选项"后出现扩展选项对话框（如图 3-2-56），其中"数量"指调整阴影和高光的数量，数值越大阴影越亮而高光越暗，反之则阴影越暗高光越亮；"色调"控制所要修改的阴影或高光中的色调范围；"半径"调整应用阴影和高光效果的范围设置，可决定某一像素是属于阴影还是属于高光；"颜色"可以微调彩色图像中已被改变区域的颜色；"中间调"可调整中间色调的对比度。在扩展选项对话框中调节数值，效果如图 3-2-57 所示。

图 3-2-55　"阴影 / 高光"对话框

图 3-2-56　扩展选项对话框

图 3-2-57　调节后的效果

2.14　匹配颜色

（1）在 Photoshop 中打开素材"背景"和"身影"（如图 3-2-58）并解锁，将"背景"图层放在"身影"图层之下（如图 3-2-59）。

图 3-2-58　打开素材"背景"与"身影"

图 3-2-59　图层顺序

（2）选择"图像"—"调整"—"匹配颜色"命令（如图 3-2-60），"匹配颜色"可以使多个图像文件、多个图层、多个色彩选区之间进行颜色的匹配。

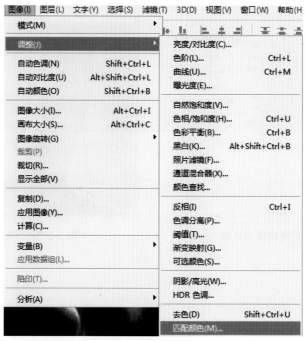

图 3-2-60　"匹配颜色"命令

（3）弹出"匹配颜色"对话框（如图 3-2-61），其中勾选"应用调整时忽略选区"，软件会将调整应用到整个目标图层上，而忽略图层中的选区；"明亮度"调整当前图层中图像的亮度；"颜色强度"调整图像中颜色的饱和度；"渐隐"可控制应用到图像中的调整量；勾选"中和"可自动消除目标图像中色彩的偏差；勾选"使用源选区计算颜色"可使用源图像中选区的颜色计算调整度，反之则会忽略图像中的选区，使用源图层中的颜色计算调整度；勾选"使用目标选区计算调整"会使用目标图层中选区的颜色计算调整度；"源"在下拉列表中选择要将其颜色匹配到目标图像中的源图像；"图层"在下拉列表中选择源图像中带有需要匹配的颜色的图层。

图 3-2-61 "匹配颜色"对话框

（4）调节"匹配颜色"对话框（如图 3-2-62），效果如图 3-2-63 所示。

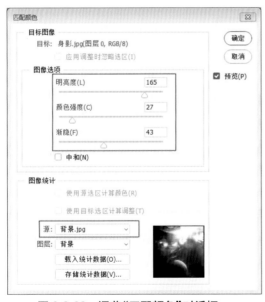

图 3-2-62 调节"匹配颜色"对话框 图 3-2-63 调节效果

2.15 替换颜色

（1）在 Photoshop 中打开素材"红花"（如图 3-2-64）。

（2）选择"图像"—"调整"—"替换颜色"命令（如图 3-2-65），"替换颜色"用于替换图像中某个特定范围的颜色，在图像中选取特定的颜色区域来调整其色相、饱和度和亮度值。

图 3-2-64　打开素材"红花"

图 3-2-65　"替换颜色"命令

（3）弹出"替换颜色"对话框（如图 3-2-66），用"吸管工具"在图像中单击图中红色花朵，得到修改的选区，然后拖动颜色容差滑块调整颜色范围，拖动"色相""饱和度""明度"滑块，调节颜色为黄色，效果如图 3-2-67 所示。

图 3-2-66　"替换颜色"对话框

图 3-2-67　调节效果

2.16　自动色调

在 Photoshop 中打开素材"黑白"(如图 3-2-68),选择"图像"—"自动色调"命令(如图 3-2-69),"自动色调"将自动调整图像的明暗度,去除图像中不正常的高亮区和黑暗区,效果如图 3-2-70 所示。

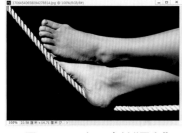

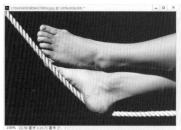

图 3-2-68　打开素材"黑白"　　　图 3-2-69　"自动色调"命令　　　图 3-2-70　调节效果

2.17　自动对比度

(1)在 Photoshop 中打开素材"侧脸"(如图 3-2-71)。

图 3-2-71　打开素材"侧脸"

(2)选择"图像"—"自动对比度"命令(如图 3-2-72),"自动对比度"可根据图像效果自动调整其对比度,效果如图 3-2-73 所示。

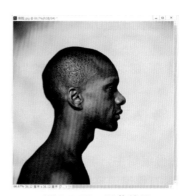

图 3-2-72　"自动对比度"命令　　　　　　　　图 3-2-73　调节效果

2.18 自动颜色

（1）在 Photoshop 中打开素材"模特"（如图 3-2-74）。

图 3-2-74 打开素材"模特"

（2）选择"图像"—"自动颜色"命令（如图 3-2-75），"自动颜色"是通过搜索实际图像来调整图像的对比度和颜色，效果如图 3-2-76 所示。

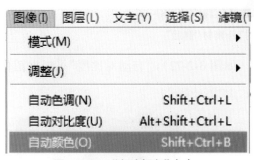

图 3-2-75 "自动颜色"命令

图 3-2-76 调节效果

3 图像色彩编辑的操作使用

在图像编辑中，调节色彩是制作高品质图像的关键一步，以上介绍了多种常用的色彩调整工具，有快速调整的工具，也有精确调整的工具，为图像的校色、调色提供了强大的技术支持。

3.1　黑色皮肤变白色皮肤

（1）在 Photoshop 中打开素材"儿童黑"（如图 3-3-1）。

图 3-3-1　打开素材"儿童黑"

　　（2）使用"颜色取样器工具" 对素材中的额头、鼻子、下巴、颧骨进行取样（如图 3-3-2），选择"窗口"—"属性"（如图 3-3-2），弹出"属性"面板，单击"信息"得到额头、鼻子、下巴、颧骨四处的 RGB 颜色信息（如图 3-3-4），分别计算出四个"R""G""B"通道的平均数值。

图 3-3-2　进行取样

图 3-3-3　选择"属性"

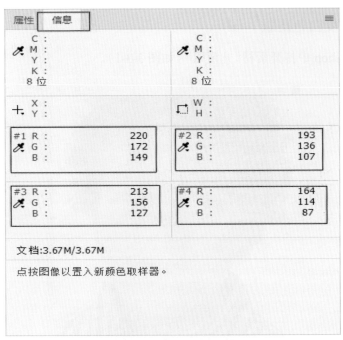

图 3-3-4　"儿童黑"信息面板

（3）在 Photoshop 中打开素材"儿童白"（如图 3-3-5），同样使用"颜色取样器工具"，对素材中的额头、鼻子、下巴、颧骨进行取样（如图 3-3-6），单击"信息"面板得到额头、鼻子、下巴、颧骨四处的 RGB 颜色信息（如图 3-3-7），分别计算出四个"R""G""B"通道的平均数值。

图 3-3-5　打开素材"儿童白"

图 3-3-6　进行取样

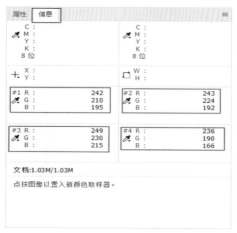

图 3-3-7 "儿童白"信息面板

（4）在"图层 0"（也就是素材"儿童黑"）中创建"曲线调整图层"，在"图层"面板下方，单击"创建新的填充或调整图层" ⬤ ，弹出选项面板，选择"曲线"（如图 3-3-8），"图层"面板出现"曲线 1"图层（如图 3-3-9）。

图 3-3-8 选择"曲线"

图 3-3-9 "曲线 1"图层

（5）单击"属性"面板，分别选择"红""绿""蓝"（如图 3-3-10），在"输入"框中分别填写素材"儿童黑"的四个"R""G""B"通道的平均数值，在"输出"框中分别填写素材"儿童白"的四个"R""G""B"通道的平均数值（如图 3-3-11 至图 3-3-13）。

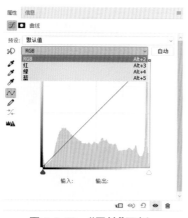

图 3-3-10 "属性"面板

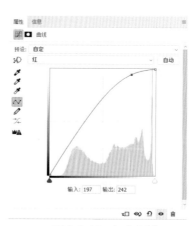

图 3-3-11 红色通道

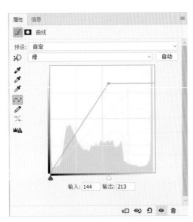

图 3-3-12   绿色通道

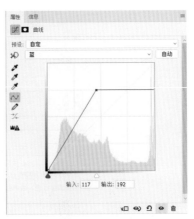

图 3-3-13   蓝色通道

（6）将"前景色"调节为"黑色" ，按键盘"Alt+Delete"键将"曲线蒙版"填充为"黑色"（如图 3-3-14），素材"儿童黑"恢复原始状态。

图 3-3-14   填充黑色

（7）选择"画笔工具" 为"柔边圆" 125，调节为"白色"，"透明度"降为"20"，"流量"设为"25"，在素材"儿童黑"需要变白的位置上进行涂抹（如图 3-3-15），效果如图 3-3-16 所示。

图 3-3-15   涂抹曲线蒙版

图 3-3-16   调节效果

（8）在"图层 0"（也就是素材"儿童黑"）中创建"可选颜色调整图层"，在"图层"面板下方，单击"创建新的填充或调整图层" ⬤ ，弹出选项面板，选择"可选颜色"（如图 3-3-17），"图层"面板出现"选取颜色 1"图层（如图 3-3-18）。

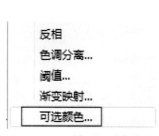

图 3-3-17　选择"可选颜色"　　　　图 3-3-18　"选取颜色 1"图层

（9）在"可选颜色"面板将"红"（如图 3-3-19）、"黄"（如图 3-3-20）、"白"（如图 3-3-21）、"黑"（如图 3-3-22）颜色值降低，效果如图 3-3-23 所示。

图 3-3-21　降低白色数值　　　　图 3-3-22　降低黑色数值

　　（10）选择"颜色取样器工具" ，单击右键将素材"儿童黑"上的"取样点"删除（如图 3-3-24），选择"选取颜色 1""曲线 1""图层 0"（如图 3-3-25），按键盘"Ctrl+Alt+E"键合并图层（但保留原始图层）得到"选取颜色 1（合并）"图层，将原始层显示"关闭"（如图3-3-26）。

图 3-3-23　调节效果

图 3-3-24　右键选择删除

图 3-3-25　选择图层

图 3-3-26　"选取颜色 1（合并）"图层

　　（11）选择"减淡工具" ，"曝光率"设为"3"，将"选取颜色 1（合并）"图层中"黑色"部分减淡，得到效果如图 3-3-27 所示。

　　（12）选择"选取颜色 1（合并）"图层，并拖至"图层面板"下方的"创建新图层"中，得到"选取颜色 1（合并）拷贝"图层（如图 3-3-28），选择"图像"—"调整"—"去色"得到黑白图像（如图 3-3-29）。

图 3-3-27　调节效果　　　　　图 3-3-28　选取图层　　　　　图 3-3-29　黑白图像

（13）选择"混合模式"为"叠加"，"透明度"设为"30%"，"填充"设为"85%"（如图 3-3-30），得到最终效果如图 3-3-31 所示。

图 3-3-30　调节选项　　　　　　　　图 3-3-31　最终效果

3.2　春夏秋冬四季变化

（1）在 Photoshop 中打开素材"森林"（如图 3-3-32），制作春天的效果。

图 3-3-32　打开素材"森林"

（2）选择"图像"—"调整"—"色相 / 饱和度"（如图 3-3-33），弹出"色相 / 饱和度"对话框（如图 3-3-34）。

图 3-3-33　选择"色相 / 饱和度"　　　　　图 3-3-34　"色相 / 饱和度"对话框

（3）调节"色相"为"+30"，"饱和度"为"+20"（如图 3-3-35），效果如图 3-3-36 所示。

图 3-3-35　调节选项　　　　　　　　图 3-3-36　调节效果

（4）在"图层面板"中单击"创建新图层"　（如图 3-3-37），将"前景色"变为"黑色"　，在"图层 1"中填充"黑色"（如图 3-3-38）。

图 3-3-37　"创建新图层"命令　　　　　图 3-3-38　填充黑色

（5）选择"滤镜"—"渲染"—"镜头光晕"（如图 3-3-39）。

图 3-3-39　"镜头光晕"命令

（6）在"镜头光晕"对话框中调整"亮度"为"120%"及"光晕"位置，单击"确定"（如图 3-3-40），在"图层面板"的"混合模式"选择"滤色"（如图 3-3-41），得到春天效果（如图 3-3-42）。

图 3-3-40　调整数值

图 3-3-41　选择"滤色"

图 3-3-42   春天效果

（7）在 Photoshop 中打开素材"森林"，制作夏天的效果，选择"图像"—"调整"—"色相／饱和度"（如图 3-3-43）。

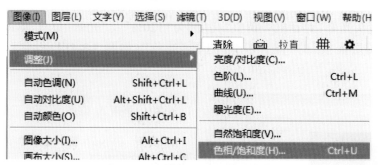

图 3-3-43   选择"色相／饱和度"

（8）在"色相／饱和度"对话框中，选择"黄色"，调节"色相"为"-10"，"饱和度"为"+40"，"明度"为"+25"（如图 3-3-44）。

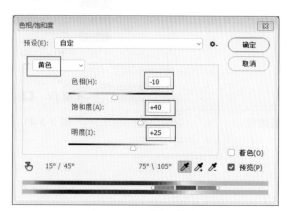

图 3-3-44   调节数值

（9）选择"图像"—"调整"—"曲线"（如图 3-3-45），在"曲线"中将"输出值"调节为

"135","输入值"调节为"113"(如图 3-3-46),效果如图 3-3-47 所示。

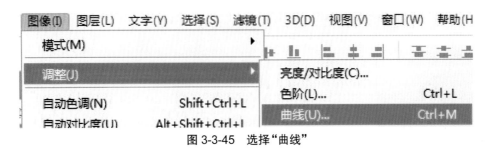

图 3-3-45 选择"曲线"

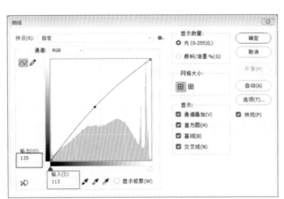

图 3-3-46 调节输出值

图 3-3-47 观察效果

(10)在"图层面板"中单击"创建新图层" ，将"前景色"变为"黑色" ，在"图层1"中填充"黑色"(如图 3-3-48)。

图 3-3-48 填充黑色

(11)选择"滤镜"—"渲染"—"镜头光晕",在"镜头光晕"对话框中将"亮度"调整为"150%"并调节"光晕"位置,单击"确定"(如图 3-3-49),在"图层面板"的"混合模式"选择

"滤色",得到夏天效果如图 3-3-50 所示。

图 3-3-49　调整对话框

图 3-3-50　夏天效果

（12）在 Photoshop 中打开素材"森林"，制作秋天效果，选择"图像"—"调整"—"替换颜色"（如图 3-3-51），在弹出"替换颜色"对话框中，选择"吸管工具" 、"增加吸管工具" 吸取"绿色"，调节"颜色容差"为"70"，"色相"为"–55"（如图 3-3-52），效果如图 3-3-53 所示。

图 3-3-50　选择"替换颜色"

图 3-3-52　调节选项

图 3-3-53　观察效果

（13）在"图层"面板中选择"创建新的填充或调整图层" ，弹出选项面板选择"曲线"（如图 3-3-54），"图层"面板出现"曲线 1"图层（如图 3-3-55）。

图 3-3-54　选择"曲线"

图 3-3-55　"曲线"图层

（14）在"曲线"中调节"红色""输入值"为"123"，"输出值"为"129"（如图 3-3-56）；"蓝色""输入值"为"139"，"输出值"为"123"（如图 3-3-57），得到秋天效果（如图 3-3-58）。

（15）在 Photoshop 中打开素材"森林"，制作冬天效果，选择"通道面板"中"绿色通道"（如图 3-3-59）。

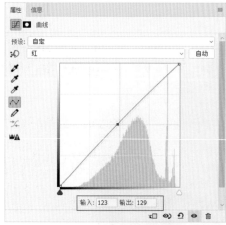

图 3-3-56　调节红色数值

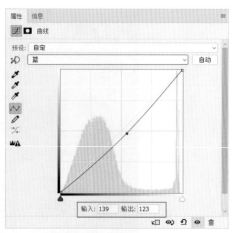

图 3-3-57　调节蓝色数值

图 3-3-58　秋天效果

图 3-3-59　选择绿色通道

（16）使用"多边形套索工具" ，"羽化值"设为"15"，选择素材"森林"中过暗的位置（如图 3-3-60）。

图 3-3-60　选择过暗的位置

（17）选择"图像"—"调整"—"曲线"（如图 3-3-61），在"曲线"中将"输出值"调为"140"，"输入值"调为"110"（如图 3-3-62）。

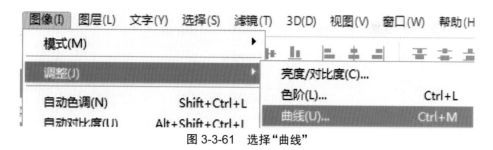

图 3-3-61　选择"曲线"

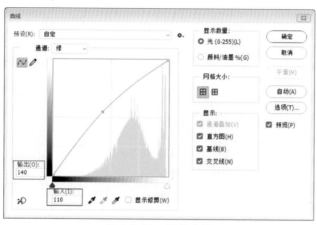

图 3-3-62　调节曲线

（18）单击"选择"—"取消选择"，然后使用"矩形框选工具" ，选择全部图像，按键盘"Ctrl+C"键复制，选择"RGB"通道（如图 3-3-63）。

（19）单击"图层"面板，在"背景层"上按键盘"Ctrl+V"键粘贴，效果如图 3-3-64 所示。

图 3-3-63　选择"RGB"通道　　　　　图 3-3-64　观察效果

（20）在"图层"面板中选择"创建新的填充或调整图层" ，弹出选项面板，选择"曲线（如图 3-3-65），调节"曲线""输入值"为"151"，"输出值"为"183"（如图 3-3-66），得到冬天效果（如图 3-3-67）。

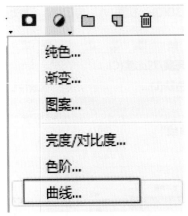

图 3-3-65　选择"曲线"

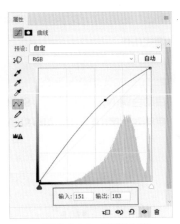

图 3-3-66　调节曲线

图 3-3-67　冬天效果

第四章　图层、通道、蒙版的使用方法

知识重点

- ✧ 掌握图层样式的应用、图层的混合模式
- ✧ 了解通道的作用,掌握通道的基本使用方法
- ✧ 掌握蒙版的创建与编辑方法

职业素养

创造与创新有一个共同的特质——创,即根据现有条件制造新事物,或者化腐朽为神奇,将普通事物运用到新的情境,打破陈规,产生新的价值。如果说创造是"无中生有",那么创新则是"有中生新"。Photoshop 作为图形图像处理工具,其本身就是为创意的视觉展示与表达而生的,是一个创作软件,具有丰富多彩的创造创新功能。通过这些任务案例的分析、练习和实践操作,学生得到了创意、创作、创造、创新的初步体验,有利于培养创造创新的意识、思维和能力,培养创造创新的人格。

引言

在 Photoshop 的学习与使用过程中,图层、通道、蒙版可以说是 Photoshop 的灵魂与精华,掌握了这三者的使用方法也就基本掌握了使用 Photoshop 软件编辑图像的思路与方法,将三者相互结合灵活使用会使图像编辑工作取得事半功倍的效果,对于提升技术水平与图像编辑效果将会有很大的帮助,当然这三者也是学习的难点与重点,希望大家认真学习每一个环节与步骤,课下多做练习,熟练掌握三者的使用方法。

1　图层

图层是 Photoshop 图像处理的核心功能之一。自从增添了图层的概念,图像的编辑就变得非常便捷。图层是创作各种合成效果的重要途径,可以将不同的图像放在不同的图层上进行独立操作而对其他图层没有影响,每个图层都可以有自己独特的内容,各个图层相互独立、互不相干,但是它们又有着密切的联系,这些图层随意合并以达到所需的效果,所以它们在图像的编辑中有很大的自由度。如复合多个图像,添加文本、矢量图形、特殊效果等。默认情况下,图层中灰白相间的方格表示该区域没有像素,能保存透明区域是图层的特点。

1.1　图层的基础知识

　　图层用于存放和处理图像元素，具有透明性、叠加性和独立性。透明性是指图层如同叠在一起的透明纸，每张透明纸即为一个图层，可以透过图层的透明区域看到上面与下面的图层内容；叠加性是指图像可以存放在不同图层之上，图像合成是基于图层从上到下进行叠加的，同一位置的上层图像会遮盖下层图像；独立性是指当处理一个图层上的图像时，不会影响到其他图层上的图像（如图 4-1-1）。

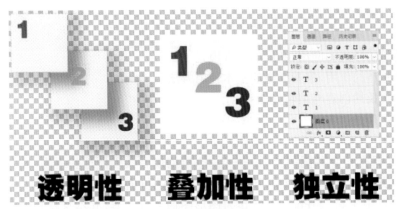

图 4-1-1　图层特性

　　图层分为多个，如普通图层、背景图层、图层组、调整图层、填充图层、文字图层、形状图层、蒙版图层等，下面将为大家介绍几种常用图层。

　　（1）普通图层是最基本、最常用的图层，可以设置图像的混合模式、不透明度和填充以及图层样式等。单击"图层"面板底部的"创建新图层" ⬚ （如图 4-1-2）即可创建普通图层。

图 4-1-2　创建新图层

　　（2）背景图层是指在使用 Photoshop 新建文件或打开一个图像文件时，系统将自动创建一个名为"背景"的图层，该图层有一个"锁型图案"，不能进行设置操作，单击"锁型图案"解锁即可进行设置操作（如图 4-1-3），或选择"图层"—"新建"—"背景图层"命令（如图

4-1-4），在弹出对话框的"新建图层"对话框中单击"确定"（如图 4-1-5）。

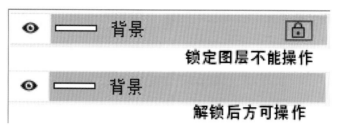

图 4-1-3　解锁图层

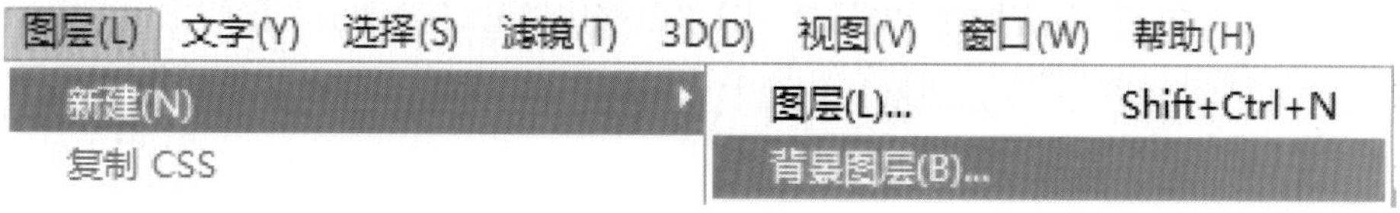

图 4-1-4　"背景图层"命令

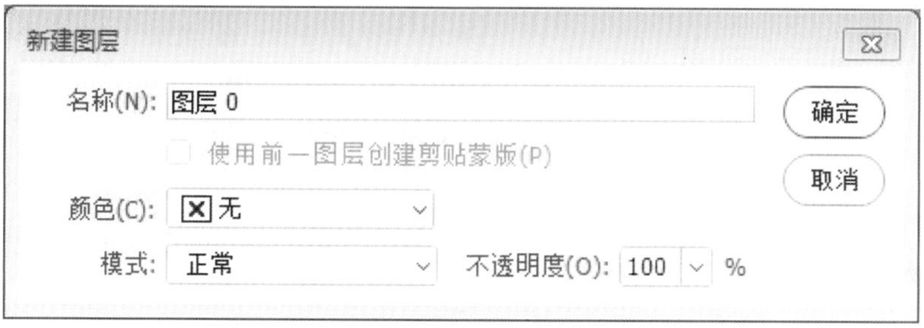

图 4-1-5　"新建图层"对话框

（3）图层组与文件夹的功能相似，用于管理图层，可将不同类别的图层放到不同组中，便于对多个图层进行整体移动、复制和删除等操作。单击"图层"面板底部的"创建新组" □（如图 4-1-6），或在系统菜单中选择"图层"—"新建"—"组"命令（如图 4-1-7）。

图 4-1-6　创建新组

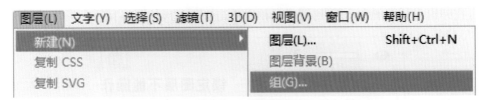

图 4-1-7　"组"命令

1.2　图层的基本操作

　　"图层"面板中包含所有图层、图层组和图层效果及相关图层的基本操作,例如创建新图层、显示和隐藏图层、不透明度、混合模式、添加图层样式等,选择"窗口"—"图层"命令(如图 4-1-8),便可打开"图层"面板(如图 4-1-9)。

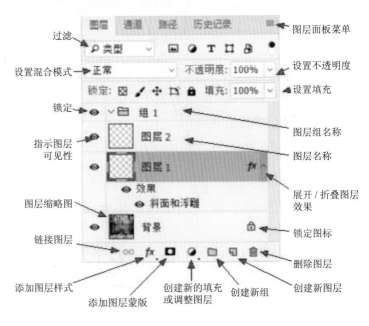

图 4-1-8　"图层"命令　　　　　　　图 4-1-9　"图层"面板

　　过滤:基于名称、种类、效果、模式、属性或颜色等可快速地在复杂文档中找到关键图层。

　　设置混合模式与不透明度:在"图层"面板中,多个图层图像之间是互相覆盖的关系,位于上层图层之中的图像覆盖下层图层的图像,它们的混合(叠加)将形成一种特殊的效果。

　　锁定:可分别进行相应的锁定设置,包括 ▦ 锁定透明像素、 ✔ 锁定图像像素、 ✛ 锁定位置、 ⬚ 防止在画板内外自动嵌套、 🔒 锁定全部。

　　填充:设置当前图层的内部不透明度。

　　指示图层可见性:用于设置当前图层中的图像是显示或隐藏状态。

　　图层与图层组名称:图层与图层组用于组织和管理图层,都可双击更改名称。

　　展开/折叠图层效果:展开或折叠当前图层中设置的图层效果。

　　图层缩略图:预览图层显示效果。

单击底部  按钮将执行相应的操作。

1.2.1　复制和删除

制作图像过程中，有时需要在一幅图像中进行复制，有时图层与图像的色调或者内容不大协调，需要把图层删除，下面将介绍复制和删除的操作方法。

（1）在"图层"面板中选中将要复制的图层（如图 4-1-10）。

图 4-1-10　选中图层

（2）在菜单中选择"图层"—"复制图层"命令（如图 4-1-11），在弹出"复制图层"对话框中单击"确定"（如图 4-1-12）。

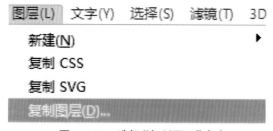

图 4-1-11　选择"复制图层"命令

图 4-1-12　单击"确定"

（3）复制出新的图层"图层 0 拷贝"（如图 4-1-13），在"图层"面板中选中将要删除的图层（如图 4-1-14）。

图 4-1-13　"图层 0 拷贝"图层　　　　　　　图 4-1-14　准备删除图层

（4）在菜单中选择"图层"—"删除"—"图层"命令（如图 4-1-15），在弹出对话框中单击"确定"（如图 4-1-16）。

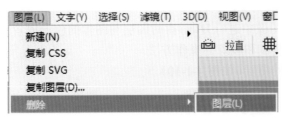

图 4-1-15　选择"图层"命令

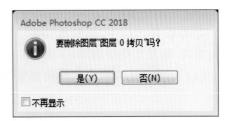

图 4-1-16　单击"确定"

（5）图层"图层 0 拷贝"被删除（如图 4-1-17）。

图 4-1-17　删除图层

1.2.2　图层的叠放次序

图层的叠放次序对于图像来说非常重要，图层的位置也就是图层中内容的位置，对图层的操作，首先要选中该图层，被选中的图层称为当前图层。图像合成是基于图层自上而下进行叠加的，同一位置的上层图像会遮盖下层图像，所以有时需要对图层的位置进行调整，即对图层进行移动和排序，下面将介绍调整图层叠放次序的操作方法。

（1）在"图层"面板中，选择要进行排列的图层（如图 4-1-18）。

图 4-1-18　选择图层

（2）在菜单中选择"图层"—"排列"—"置为顶层"命令（如图 4-1-19），其中"前移一层""后移一层""置为底层"同样可以改变图层位置。

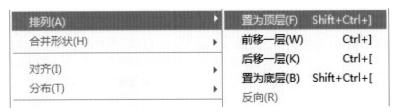

图 4-1-19 选择"置为顶层"命令

（3）"图层 1"的位置提升至"顶层"位置（如图 4-1-20）。

图 4-1-20 改变图层位置

1.2.3 图层的链接和合并

对图层进行链接操作，可以提高工作效率。当对建立链接的图层中的任意图层进行某一操作时，其他链接图层将同时进行该操作。可以将两个或更多个图层或组建立链接，链接的图层将保持关联，直至取消它们的链接为止。下面将介绍图层链接的操作方法。

（1）在"图层"面板中，选择要进行链接的图层（如图 4-1-21）。

图 4-1-21 选择图层

（2）单击"图层"面板底部的"链接"按钮 ⊖Ə ，被选中图层出现"链接"图标（如图 4-1-22）。

（3）若要取消链接，再次单击"链接"按钮 ⊖Ə ，"链接"图标将被取消（如图 4-1-23）。

　　图 4-1-22　链接图层

　　图 4-1-23　取消链接

为了节约图像文件的存储空间，需要将编辑好的两个或多个图层合并为一个图层（若不进行合并图层操作，各个图层均可保存在图层文件中，那么图层越多文件越大，将会影像计算机的运转速度），下面将介绍图层合并的操作方法。

（1）在"图层"面板中，选择要进行合并的图层（如图 4-1-24），在菜单中选择"图层"—"合并图层"命令（如图 4-1-25）。

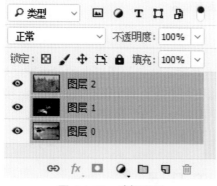
　　图 4-1-24　选择图层

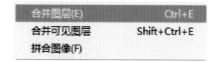
　　图 4-1-25　选择"合并图层"命令

（2）两个图层合并为一个图层，节约了储存空间（如图 4-1-26）。在"图层"面板中，单击"图层 2"的"可见性"图标 ◉ （如图 4-1-27）。

图 4-1-26　图层合并　　　　　　　　　图 4-1-27　选择"图层 2"

（3）选择"图层 0"（如图 4-1-28），在菜单中选择"图层"—"合并可见图层"命令（如图 4-1-29）。

图 4-1-28　选择"图层 0"　　　　　　　图 4-1-29　"合并可见图层"命令

（4）"图层 0"与"图层 1"合并为一个图层（如图 4-1-30）。

图 4-1-30　合并图层

（5）若选择"拼合图像"命令（如图 4-1-31），会弹出对话框询问"要扔掉隐藏的图层吗"，单击"确定"（如图 4-1-32）。

图 4-1-31　选择"拼合图像"命令

图 4-1-32　单击"确定"

（6）得到合并"背景"图层（如图 4-1-33）。

图 4-1-33　"背景"图层

1.2.4　图层的隐藏和锁定

在处理图层时如果需要保护某些图层，可以将其设置为隐藏或锁定（被设置为隐藏的图层，图层中的图像在图像窗口中也将被隐藏），下面将介绍图层隐藏和锁定的操作方法。

（1）在"图层"面板中，选择要进行隐藏的图层（如图 4-1-34）。

图 4-1-34　选择图层

（2）单击"可见性"图标 （如图 4-1-35），同时显示窗口的图像也被隐藏（如图 4-1-36），如需显示图层，再次单击"可见性"图标 即可。

图 4-1-35　单击"可见性"图标

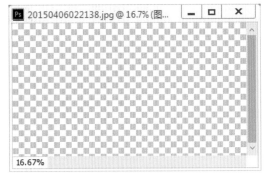
图 4-1-36　显示窗口

（3）图层可以被完全或部分锁定以保护其内容，部分锁定的图层中，未被锁定的属性仍可进行编辑，其属性包括透明区域、图像和位置等。在"图层"面板中，选择要进行锁定的图层（如图 4-1-37）。

（4）单击"锁定"图标 🔒 对图层进行锁定（如图 4-1-38），此时图层将不能被编辑，如需解锁再次单击"锁定" 🔒 。（在"图层"面板中可以单击其中四个按钮进行相应的锁定设置，▨ 锁定透明像素、🖌 锁定图像像素、✛ 锁定位置、🔲 防止在画板内外自动嵌套）

图 4-1-37　选择图层　　　　　　　　　　　图 4-1-38　锁定图层

1.2.5　图层的不透明度与填充

通常大家会将"不透明度"与"填充"混为一谈，其实这两者还是有区别的。简单地说"不透明度"控制"全部"，"填充"控制"局部"，"全部"代表着整体图层（包括图层样式），"局部"代表着图层本身（仅影响图层中的像素、形状或文本，而不影响图层效果，如投影、描边等），这就是"不透明度"和"填充"的区别。

（1）在"图层"面板中，创建字体"ABC"（如图 4-1-39）。

图 4-1-39　创建字体

（2）分别调节"不透明度"为"100%"（如图 4-1-40），"50%"（如图 4-1-41），"0%"（如图 4-1-42），观察显示窗口的变化。

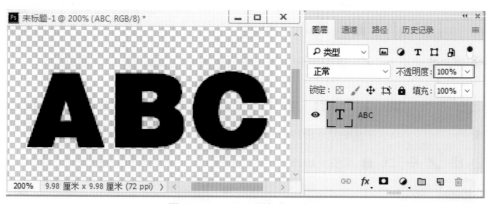

图 4-1-40　不透明度为 100%

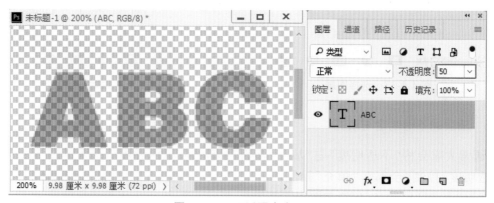

图 4-1-41　不透明度为 50%

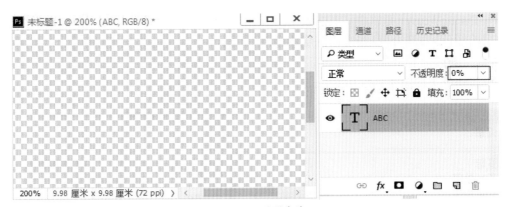

图 4-1-42 不透明度为 0%

（3）为"ABC"添加"图层样式"后（"图层样式"将在后面章节进行讲解），调节"不透明度"为"50%"，仍然控制整体的"不透明度"（如图 4-1-43）。

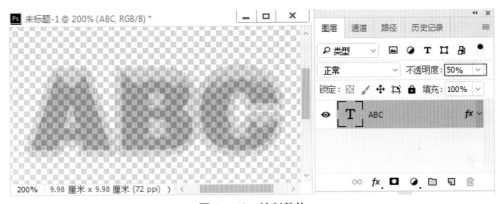

图 4-1-43 控制整体

（4）若调节"填充"为"0%"，观察显示窗口的变化（如图 4-1-44）。

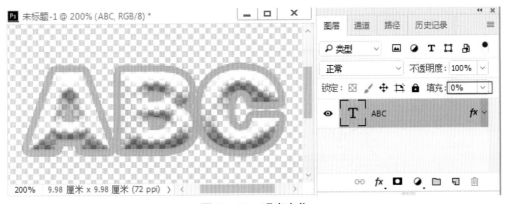

图 4-1-44 观察变化

1.3 图层的混合模式

混合模式是图像处理技术中的一个技术名词，不仅用于 Photoshop 中，也应用于 Illustrator、DreamWeaver 等软件。其主要功效是可以用不同的方法,将基色(指当前图层之下的图层的颜色)与混合色(指当前图层的颜色)相结合,产生一种结合色(指混合后得到的颜色)。每一种混合模式都有各自的特点与计算方式,下面将介绍图层混合模式的不同效果。混合模式的分类如图 4-1-45 所示。

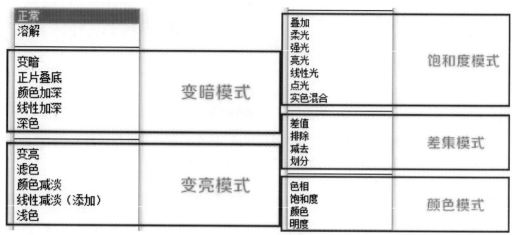

图 4-1-45　混合模式的分类

在计算各自的混合模式时,可以参考下方的计算公式,公式中 A 代表下面图层的颜色值(基色);B 代表上面图层的颜色值(混合色);C 代表混合图层的颜色值(结合色);D 表示该层的透明度。

变暗:$C=\text{Min}(A,B)$　　　　　　变亮:$C=\text{Max}(A,B)$

正片叠底:$C=\dfrac{A\times B}{255}$　　　　滤色:$C=255-\dfrac{A\text{反相}\times B\text{反相}}{255}$

颜色加深:$C=A-\dfrac{A\text{反相}\times B\text{反相}}{B}$　　颜色减淡:$C=A+\dfrac{A\times B}{B\text{反相}}$

线性加深:$C=A+B-255$　　　　线性减淡:$C=A+B$

叠加:当 $A\leqslant 128$ 时,$C=\dfrac{A\times B}{128}$　　当 $A>128$ 时,$C=255-\dfrac{A\text{反相}\times B\text{反相}}{128}$

强光:当 $B\leqslant 128$ 时,$C=\dfrac{A\times B}{128}$　　当 $B>128$ 时,$C=255-\dfrac{A\text{反相}\times B\text{反相}}{128}$

柔光:当 $B\leqslant 128$ 时,$C=\dfrac{A\times B}{255}+\left(\dfrac{A}{255}\right)^2\times(255-2B)$

　　　　当 $B>128$ 时,$C=\dfrac{A\times B\text{反相}}{128}+\sqrt{\dfrac{A}{255}}\times(2B-255)$

亮光:当 $B\leqslant 128$ 时,$C=A-\dfrac{A\text{反相}\times(255-2B)}{2B}$

　　　　当 $B>128$ 时,$C=A+\dfrac{A\times(2B-255)}{2\times B\text{反相}}$

点光:当 $B \leqslant 128$ 时,$C=\mathrm{Min}(A,2B)$　　当 $B > 128$ 时,$C=\mathrm{Min}(A,2B-255)$

线性光:$C=A+2B-255$　　实色混合:当 $A+B \geqslant 25$ 时,$C=255$,否则为 0

排除:$C=A+B-\dfrac{A \times B}{128}$　　差值:$C=|A-B|$

相加:$C=\dfrac{A \times B}{收缩}+补偿值$　　减去:$C=\dfrac{A-B}{收缩}+补偿值$

打开素材"蝴蝶"和"花纹",依次在图层中排列,通过选择"混合模式"中不同的混合方式,进行混合效果的测试(如图 4-1-46)。

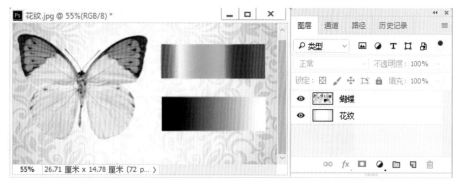

图 4-1-46　图层中排列图片

1.3.1　正常

正常模式下编辑每个像素都将直接形成结果色,这是默认模式,也是图像的初始状态。这意味着基色(花纹)对混合色(蝴蝶)没有影响。在此模式下,可以通过调节图层不透明度和图层填充值的参数进行图像的设置(如图 4-1-47)。

1.3.2　溶解

溶解模式下,在编辑或绘制每个像素时,会使其成为"结果色"。溶解模式最好是和着色工具一同使用,如"画笔""仿制图章""橡皮擦"工具等。当"混合色"没有羽化边缘,而且具有一定的透明度时,"混合色"将融入到"基色"内(如图 4-1-48)。

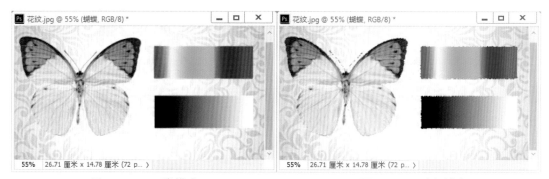

图 4-1-47　正常模式　　　　　　　　图 4-1-48　溶解模式

1.3.3　变暗

变暗模式可对混合的两个图层相对应区域 RGB 通道中的颜色亮度值进行比较,在混合图层中,比基色图层暗的像素保留,亮的像素用基色图层中暗的像素替换,总的颜色灰度级降低,造成变暗的效果(如图 4-1-49)。

1.3.4　正片叠底

正片叠底模式可将上下两层图层像素颜色的灰度级进行乘法计算,获得灰度级更低的颜色作为合成后的颜色,图层合成后的效果简单地说是低灰阶的像素显现,而高灰阶不显现(即深色出现,浅色不出现,黑色灰度级为 0,白色灰度级为 255)(如图 4-1-50)。

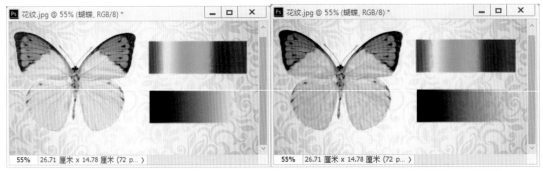

图 4-1-49　变暗模式　　　　　　　　图 4-1-50　正片叠底模式

1.3.5　颜色加深

使用这种模式会加暗图层的颜色值,加上的颜色越亮,效果越细腻,让底层的颜色变暗,有点类似于正片叠底,但不同的是它会根据叠加的像素颜色相应增加对比度(如图 4-1-51),如和白色混合则没有效果。

1.3.6　线性加深

和颜色加深模式一样,线性加深模式通过降低亮度,让底色变暗以反映混合色彩(如图 4-1-52),如和白色混合则没有效果。

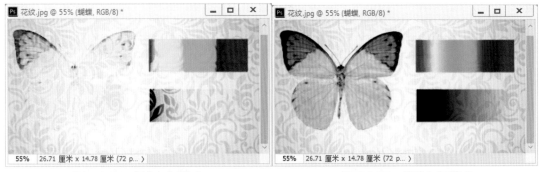

图 4-1-51　颜色加深模式　　　　　　　图 4-1-52　线性加深模式

1.3.7　深色

深色模式通过计算混合色与基色的所有通道的数值,选择数值较小的作为结果色。因此,结果色只跟混合色或基色相同,不产生另外的颜色(如图 4-1-53)。白色与基色混合色得到基色,黑色与基色混合得到黑色。

1.3.8　变亮

变亮模式与变暗模式相反,是对混合的两个图层相对应区域 RGB 通道中的颜色亮度值进行比较,取较亮的像素点为混合之后的颜色,使得总的颜色灰度的亮度升高,造成变亮的效果(如图 4-1-54)。用黑色合成图像时无作用,用白色合成图像时则仍为白色。

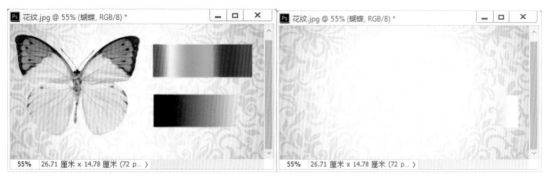

图 4-1-53　深色模式　　　　　　　　　　图 4-1-54　变亮模式

1.3.9　滤色

滤色模式与正片叠底模式相反,它将上下两层图层像素颜色的灰度级进行乘法计算,获得灰度级更高的颜色作为合成后的颜色,图层合成后的效果简单地说是高灰阶的像素显现,而低灰阶不显现(即浅色出现,深色不出现),产生的图像更加明亮(如图 4-1-55)。

1.3.10　颜色减淡

使用这种模式时,会加亮图层的颜色值,加上的颜色越暗,效果越细腻(如图 4-1-56),与黑色混合没有任何效果。

图 4-1-55　滤色模式　　　　　　　　　　图 4-1-56　颜色减淡模式

1.3.11 线性减淡（添加）

这种模式类似于颜色减淡模式，但是通过增加亮度来使底层颜色变亮，以此获得混合色彩（如图 4-1-57），与黑色混合没有任何效果。

1.3.12 浅色

浅色模式通过计算混合色与基色所有通道的数值总和，选数值大的作为结果色。因此，结果色只能在混合色与基色中选择，不会产生第三种颜色（如图 4-1-58）。

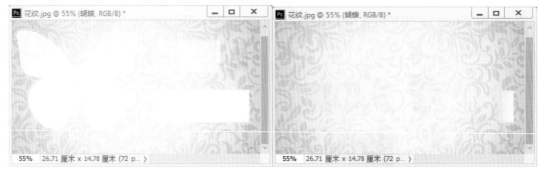

图 4-1-57　线性减淡（添加）模式　　　　图 4-1-58　浅色模式

1.3.13 叠加

叠加模式根据基色图层的色彩来决定混合色图层的像素是进行正片叠底还是进行滤色。一般来说，发生变化的都是中间色调，亮色和暗色区域基本保持不变（如图 4-1-59）。

1.3.14 柔光

柔光模式将混合色图层以柔光的方式加到基色图层，当基色图层的灰阶趋于高或低，则会调整图层合成结果的阶调趋于中间的灰阶调，从而获得色彩较为柔和的合成效果（如图 4-1-60）。

图 4-1-59　叠加模式　　　　　　　　图 4-1-60　柔光模式

1.3.15 强光

该模式能为图像添加阴影。如果用纯黑或者纯白来进行混合，得到的将是纯黑或者纯白。两层中颜色的灰阶是偏向低灰阶,作用与正片叠底模式类似;而当偏向高灰阶时,则与滤色模式类似;中间阶调作用不明显(如图 4-1-61)。

1.3.16　亮光

亮光模式可调整对比度以加深或减淡颜色,效果取决于混合层图像的颜色分布(如图 4-1-62)。

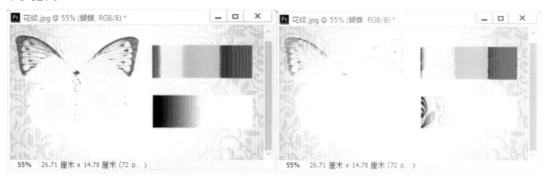

图 4-1-61　强光模式　　　　　　　　　图 4-1-62　亮光模式

1.3.17　线性光

线性光通过减少或增加亮度,来使颜色加深或减淡,具体取决于混合色的数值,如果混合层颜色(光源)亮度高于中性灰(50% 灰),则用增加亮度的方法来使画面变亮,反之用降低亮度的方法来使画面变暗(如图 4-1-63)。

1.3.18　点光

点光模式可根据混合色的颜色数值替换相应的颜色。如果混合层颜色(光源)亮度高于 50% 灰,比混合层颜色暗的像素将会被取代,而较之亮的像素则不发生变化。如果混合层颜色(光源)亮度低于 50% 灰,比混合层颜色亮的像素会被取代,而较之暗的像素则不发生变化(如图 4-1-64)。

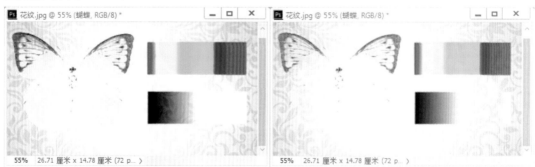

图 4-1-63　线性光模式　　　　　　　　图 4-1-64　点光模式

1.3.19　实色混合

实色混合模式是将混合色中的红、绿、蓝通道数值,添加到基色的 RGB 值中,结合色的

R、G、B 通道的数值只能是 255 或 0,因此结合色只有以下八种可能:红、绿、蓝、黄、青、洋红、白、黑(如图 4-1-65)。

1.3.20　差值

差值模式将混合图层双方的 RGB 值中每个值分别进行比较,用高值减去低值作为合成后的颜色(如图 4-1-66),白色与任何颜色混合得到反相色,黑色与任何颜色混合颜色不变。

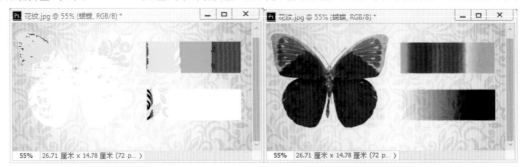

图 4-1-65　实色混合模式   图 4-1-66　差值模式

1.3.21　排除

排除模式的结果色对比度没有差值模式强,白色与基色混合得到基色补色,黑色与基色混合得到基色(如图 4-1-67)。

1.3.22　减去

减去模式是查看各通道的颜色信息,并从基色中减去混合色,如果出现负数就归为零,与基色相同的颜色混合得到黑色,白色与基色混合得到黑色,黑色与基色混合得到基色(如图 4-1-68)。

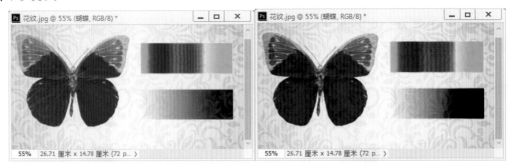

图 4-1-67　排除模式   图 4-1-68　减去模式

1.3.23　划分

划分模式是查看每个通道的颜色信息,并用基色分割混合色。基色数值大于或等于混合色数值,混合出的颜色为白色;基色数值小于混合色,结果色比基色更暗(如图 4-1-69)。

1.3.24　色相

色相模式是用混合图层的色相值去替换基层图像的色相值,而饱和度与亮度不变(如

图 4-1-70）。

图 4-1-69　划分模式　　　　　　　　　　图 4-1-70　色相模式

1.3.25　饱和度

饱和度模式是用混合图层的饱和度去替换基层图像的饱和度，而色相值与亮度不变，因此混合色只改变图片的鲜艳度，不能影响颜色（如图 4-1-71）。

1.3.26　颜色

颜色模式是用混合图层的色相值与饱和度替换基层图像的色相值和饱和度，而亮度保持不变，这种模式下混合色控制整个画面的颜色，是黑白图片上色的绝佳模式，因为这种模式下会保留基色图片也就是黑白图片的明度（如图 4-1-72）。

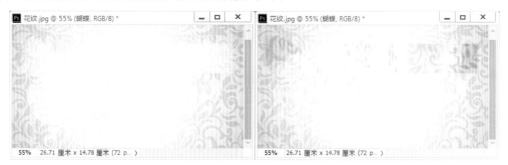

图 4-1-71　饱和度模式　　　　　　　　　　图 4-1-72　颜色模式

1.3.27　明度

明度模式是用混合图层的亮度值去替换基层图像的亮度值，而色相值与饱和度不变。混合色图片只能影响图片的明暗度，不能对基色的颜色产生影响，黑、白、灰除外（如图 4-1-73）。

图 4-1-73　明度模式

1.4　图层样式

图层样式是一项图层处理功能,是后期制作图片的重要手段之一。图层样式的功能强大,能够简单快捷地制作出各种立体投影,各种质感以及光景效果的图像特效,可以被应用于各种普通的、矢量的和特殊属性的图层上,几乎不受图层类别的限制,具有极强的可编辑性,当图层中应用图层样式后,会随文件一起保存,随时进行参数选项的修改,创作出变化多样的图像效果,也可以在图层间进行复制、移动,可存储成独立的文件,将工作效率最大化。与不用图层样式的传统操作方法相比较,图层样式具有速度更快、效果更精确、可编辑性更强等优势。

图层样式中包含十种效果,分别是斜面和浮雕、描边、内阴影、内发光、光泽、颜色叠加、渐变叠加、图案叠加、外发光、投影等,这些效果中有一些较常用的参数设置,分别是不透明度(减小其值将产生透明效果)、角度(控制光源的方向)、使用全局光(可以修改对象的阴影、发光和斜面角度)、距离(确定对象和效果之间的距离)、大小(确定效果影响的程度以及从对象的边缘收缩的程度)、除锯齿(打开此复选框时,将柔化图层对象的边缘)等参数 。下面将介绍图层样式的使用方法。

1.4.1　斜面和浮雕

为图像添加"斜面和浮雕"效果后,可使图像产生立体变化。

(1)打开练习文件"荷花",单击"图层"面板下方"添加图层样式"图标 *fx.*(如图4-1-74),弹出"图层样式效果"选项,单击"斜面和浮雕"选项(如图4-1-75)。

图 4-1-74　选择"添加图层样式"　　　　　　图 4-1-75　"斜面和浮雕"选项

(2)弹出"图层样式"对话框,设置"斜面和浮雕"参数(如图4-1-74)。

"样式"包含:外斜面(在图层的边缘以外创建斜面);内斜面(在图层的边缘以内创建斜面);浮雕效果(创建本图层由下层图层突起的浮雕状效果);枕状浮雕(创建本图层陷入下层图层中的浮雕状效果);描边浮雕(对应用了描边样式的图层有效,将浮雕应用于所描的边上)。

"方法"包含:平滑、雕刻清晰、雕刻柔和。

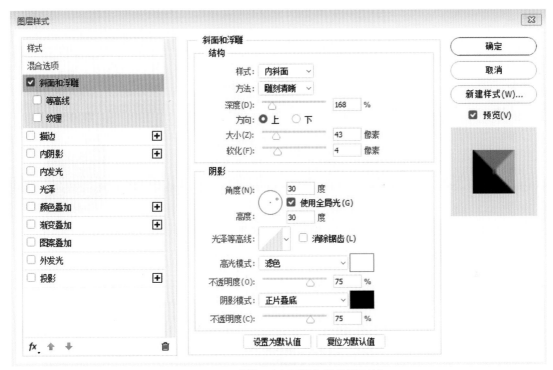

图 4-1-76　"斜面和浮雕"参数设置面板

方向：选择"上""下"单选按钮来改变高光和阴影的位置。

高光模式、阴影模式：在"高光模式"或"阴影模式"下拉列表中可以设置高光部分或阴影部分的混合模式。单击右边的色块可设置高光部分或阴影部分的颜色。

不透明度：设置高光部分或暗调部分的不透明度。

在对话框左侧的"斜面和浮雕"下面还有两个选项："等高线"和"纹理"。"等高线"（如图 4-1-77）应用于设置斜面的等高线样式，拖动"范围"滑块可调整应用等高线的范围。"纹理"（如图 4-1-78）面板中可设置图案、图案缩放、深度和反相等；当选中"与图层链接"复选框，可将图案与图层链接在一起，以便一起移动或变形。

图 4-1-77　等高线

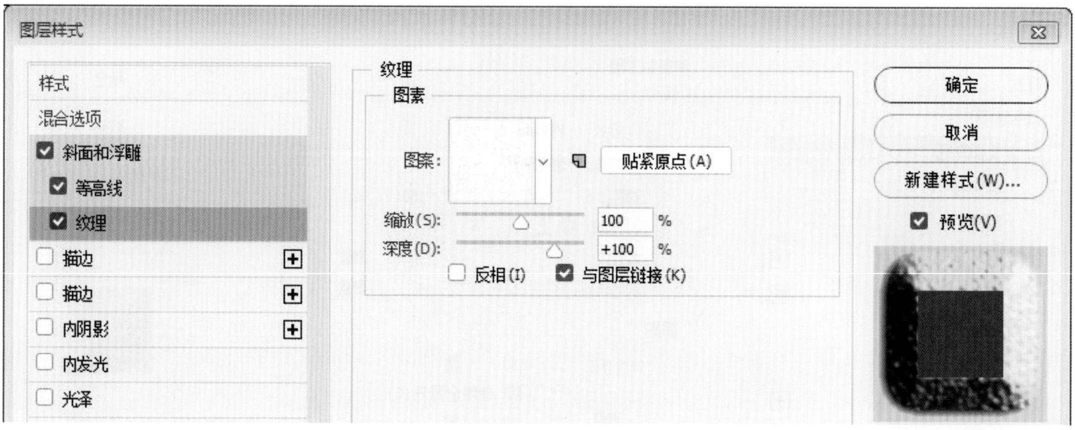

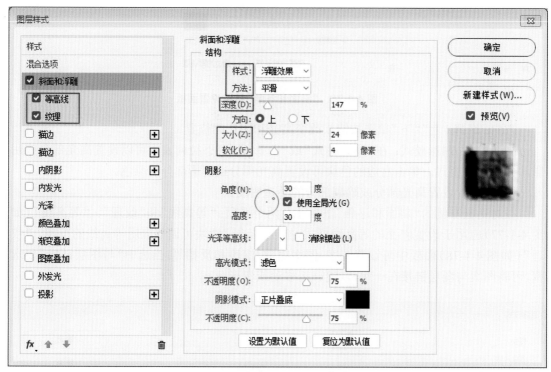

图 4-1-78　纹理

（3）调节"斜面和浮雕"参数设置（如图 4-1-79），最终效果如图 4-1-80 所示。

图 4-1-79　调整"斜面和浮雕"参数

图 4-1-80 最终效果

1.4.2 描边

描边指使用颜色、渐变色或图案为图层内容添加轮廓线,适用于处理边缘效果清晰的形状。

(1)打开练习文件"荷花",单击"图层"面板下方"添加图层样式"图标 *fx*.(如图4-1-81),弹出"图层样式效果"选项,单击"描边"选项(如图4-1-82)。

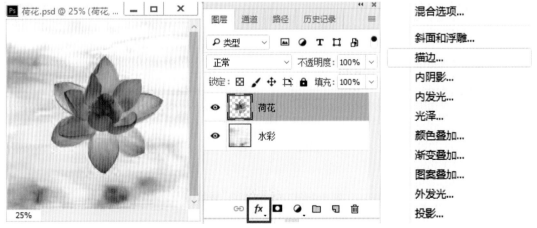

图 4-1-81 选择"添加图层样式"   图 4-1-82 "描边"选项

(2)弹出"图层样式"对话框,"描边"参数(如图4-1-83)包括以下内容。

大小:调整描边的粗细。

位置:在下拉列表中选择描边的位置,包括"外部""内部""居中"。

　　填充类型：选择以"颜色""渐变""图案"填充当前图层。当选择"渐变"时，可在"渐变"下拉列表中设置渐变色；在"样式"下拉列表中选择渐变样式；若选择"进发状"，描边效果将产生环状的渐变，其他渐变样式的设置与渐变工具相同。

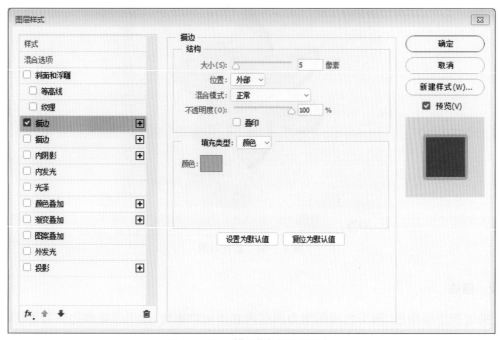

图 4-1-83　"描边"参数设置面板

　　（3）调节"描边"参数（如图 4-1-84），最终效果如图 4-1-85 所示。

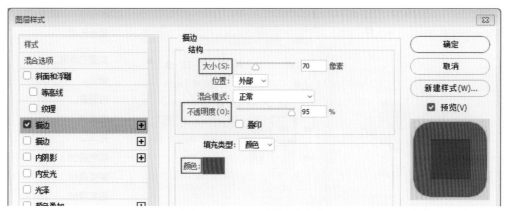

图 4-1-84　调节"描边"参数

图 4-1-85　最终效果

1.4.3　内阴影

内阴影功能可为图层添加位于图层边缘内的阴影，从而使图层产生凹陷的外观效果。

（1）打开练习文件"荷花"，单击"图层"面板下方"添加图层样式"图标 *fx*.（如图 4-1-86），弹出"图层样式效果"选项，单击"内阴影"选项（如图 4-1-87）。

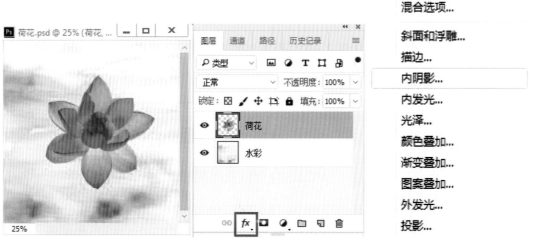

图 4-1-86　选择"添加图层样式"　　　　　　　　图 4-1-87　"内阴影"选项

（2）弹出"图层样式"对话框，"内阴影"参数（如图 4-1-88）包括以下内容。

混合模式：可在下拉列表中选择混合模式，默认模式的效果最理想。后面的"拾色器"色块表示阴影的颜色，可单击打开改变阴影颜色。

不透明度：调整滑块可改变阴影的不透明度。

角度：调整光照的角度，勾选"使用全局光"可使图层上所有与光源有关的效果使用的光照方向相同。

距离：调整滑块改变阴影到图层的距离。

阻塞：调整滑块改变效果的强度，数值越大，效果越明显。

大小：调整滑块改变阴影模糊的程度。

等高线：单击"等高线"选项后面的小箭头按钮 ，可打开等高线预置列表。

消除锯齿：选中该复选框可使边缘更加光滑。

杂色：用于调整加入阴影中颗粒的数量。

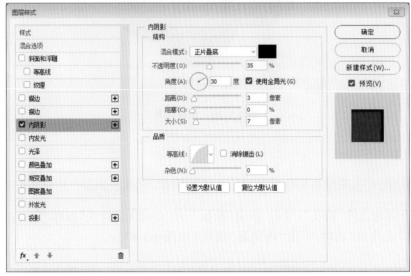

图 4-1-88　"内阴影"参数设置面板

（3）调节"内阴影"参数（如图 4-1-89）最终效果如图 4-1-90 所示。

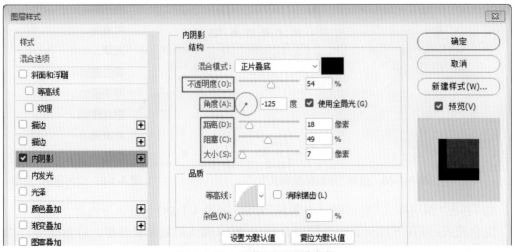

图 4-1-89　调节"内阴影"参数

图 4-1-90　最终效果

1.4.4　内发光

内发光指在图层内容的边缘以内添加发光效果

（1）打开练习文件"荷花"，单击"图层"面板下方"添加图层样式"图标 *fx.*（如图 4-1-91），弹出"图层样式效果"选项，单击"内发光"选项（如图 4-1-92）。

图 4-1-91　选择"添加图层样式"　　　　　　　　图 4-1-92　"内发光"选项

（2）弹出"图层样式"对话框，"内发光"参数（如图 4-1-93）包括以下内容。

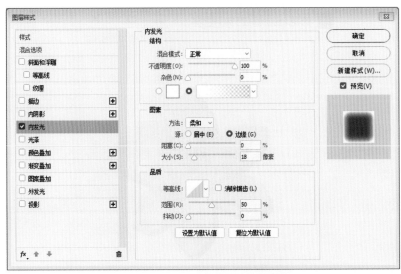

图 4-1-93　"内发光"参数设置面板

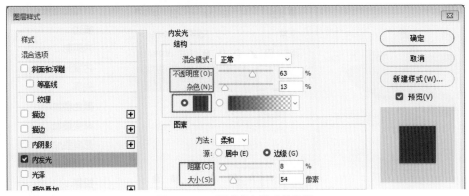用于选择光晕的颜色。单击左边的色块可打开拾色器选择单

色；单击右边的色条可打开"渐变编辑器"对话框设置渐变色；单击 按钮,可在弹出的渐变列表中选择渐变样式。

　　方法：可选择"柔和"和"精确"的方法来产生光晕。

　　源：选择"居中"从中心发光照亮；选择"边缘"从边缘发光照亮。

　　范围：根据调整的数值设置渐变光晕的色彩位置。

　　抖动：针对渐变光晕,产生类似溶解的效果,数值越大,效果越明显。

　　（3）调节"内发光"参数（如图 4-1-94）,最终效果如图 4-1-95 所示。

图 4-1-94　调节"内发光"参数

图 4-1-95　最终效果

1.4.5　光泽

光泽指图层内部根据图层的形状，应用阴影来创建光滑的磨光效果。

（1）打开练习文件"荷花"，单击"图层"面板下方"添加图层样式"图标 $fx.$ （如图 4-1-96），弹出"图层样式效果"选项，单击"光泽"选项（如图 4-1-97）。

图 4-1-96　选择"添加图层样式"　　　　图 4-1-97　"光泽"选项

（2）弹出"图层样式"对话框，选择"光泽"参数设置（如图 4-1-98），其参数属性与其他"图层样式"的效果属性相同。

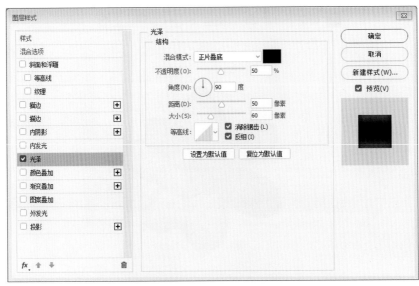

图 4-1-98　"光泽"参数设置面板

（3）调节"光泽"参数（如图 4-1-99），最终效果如图 4-1-100 所示。

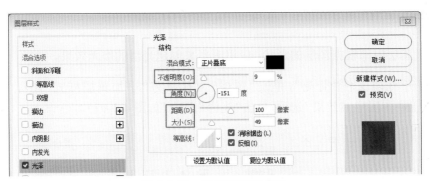

图 4-1-99　调节"光泽"参数

图 4-1-100　最终效果

1.4.6 颜色叠加、渐变叠加、图案叠加

这三种图层效果有异曲同工之处，都是直接在图像上填充像素，不同的是所填充的材质。

（1）打开练习文件"荷花"，单击"图层"面板下方"添加图层样式"图标 fx.（如图4-1-101），弹出"图层样式效果"选项，分别单击"颜色叠加""渐变叠加""图案叠加"选项，首先单击"颜色叠加"选项（如图 4-1-102）。

图 4-1-101 选择"添加图层样式"　　　　图 4-1-102 "颜色叠加"选项

（2）"颜色叠加"是在图像中填充单一颜色，调节"颜色叠加"参数（如图 4-1-103），其参数属性与其他"图层样式"的效果属性相同（可参考其他效果属性），最终效果如图4-1-104 所示。

图 4-1-103 调节"颜色叠加"参数

图 4-1-104　最终效果

（3）"渐变叠加"是在图像中填充渐变颜色，单击"渐变叠加"选项（如图 4-1-105），调节"渐变叠加"参数（如图 4-1-106），其参数属性与其他"图层样式"的效果属性相同（可参考其他效果属性），最终效果如图 4-1-107 所示。

图 4-1-105　"渐变叠加"选项　　　　　　　图 4-1-106　调节"渐变叠加"参数

图 4-1-107　最终效果

（4）"图案叠加"是在图像中填充图案，单击"图案叠加"选项（如图 4-1-108），调节"图案叠加"参数（如图 4-1-109），其参数属性与其他"图层样式"的效果属性相同（可参考其他效果属性），最终效果如图 4-1-110 所示。

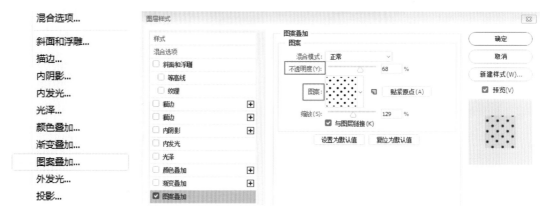

图 4-1-108　"图案叠加"选项　　　　　　　　　图 4-1-109　"图案叠加"参数调节

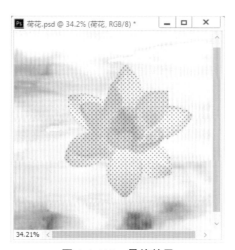

图 4-1-110　最终效果

1.4.7　外发光

外发光指在图层内容的边缘以外添加发光效果，"外发光"与"内发光"的选项几乎相同，唯一的区别是"内发光"有两个发光来源的选择调节，"外发光"参数如图 4-1-111 所示，最终效果如图 4-1-112 所示。

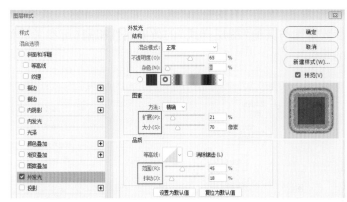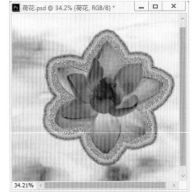

图 4-1-111　"外发光"参数　　　　　　图 4-1-112　最终效果

1.4.8　投影

投影指根据图层图像的形状,产生阴影效果。

(1)打开练习文件"荷花",单击"图层"面板下方"添加图层样式"图标 *fx*(如图 4-1-113),弹出"图层样式效果"选项,单击"投影"选项(如图 4-1-114)。

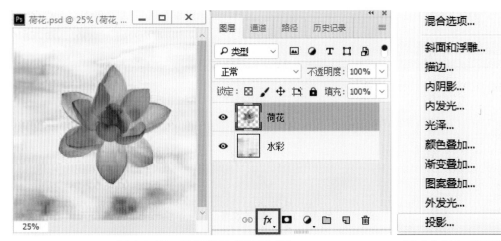

图 4-1-113　选择"添加图层样式"　　　　　　图 4-1-114　"投影"选项

(2)弹出"图层样式"对话框,"投影"参数如图 4-1-115 所示。

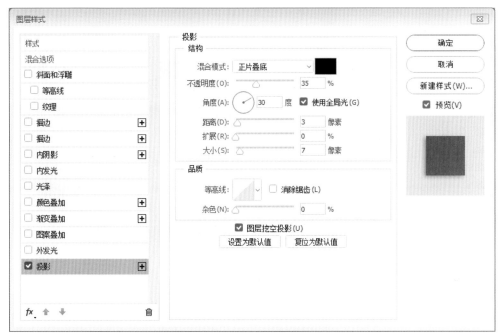

图 4-1-115 "投影"参数设置面板

混合模式:可在下拉列表中选择不同的混合模式,后面的色块表示阴影的颜色。

不透明度:可改变阴影的不透明度。

角度:调整光照的角度。选中"使用全局光"复选框,可使图层上所有与光源有关的效果所使用的光照方向相同。

距离:改变阴影部分到图层内容的距离。

扩展:改变阴影效果的强度,数值越大,效果越明显。

大小:改变阴影模糊的程度。

等高线:设置具有晕开特性的效果。单击"等高线"后面 ∨ 选项,可打开等高线预置列表,在该列表中可选择需要的阴影样式。

消除锯齿:可使边缘更加光滑。

杂色:调整加入阴影中颗粒的数量。

图层挖空投影:设置是否将投影与图层之间进行挖空。

(3)调节"投影"参数(如图 4-1-116),最终效果如图 4-1-117 所示。

图 4-1-116　设置"投影"参数

图 4-1-117　最终效果

2　通道

在 Photoshop 中有多种方法来修改颜色和选择。如果其中一种处理方法不理想,可以使用其他方法来实现最终效果。在这些方法中,使用通道修改颜色和选择是一种非常便捷的途径,可以大大节省时间,提高工作效率。

2.1　通道的基础知识

通道是存储图像选区和图像颜色信息等不同类型信息的灰度图像,图像打开后即会自动创建颜色信息通道。如果图像有多个图层,则每个图层都有自己的颜色通道。通道的数量取决于图像的模式,与图层的多少无关。通道用来保存图像的颜色数据,如图层是用来保存图像一样,同时通道还可以用来保存蒙版;而蒙版则用来保护图像中需要保留的部分,使其不受任何编辑操作的影响。

通道的类型主要有三种:颜色通道、Alpha 通道、专色通道。颜色通道即保存图像颜色信息的通道,在打开图像时自动创建,分为一个或多个颜色分开存储;Alpha 通道是一个 8 位的灰度通道,该通道用 256 级灰度来记录图像中的透明度信息,定义透明、不透明和半透明区域,其中白表示不透明,黑表示透明,灰表示半透明;专色通道是指一种预先混合好的特定彩色油墨,补充印刷色(CMYK)油墨,如荧光色、金属银色、烫金版、凹凸版、局部光油版等(若要印刷带有专色的图像,则要创建存储这些颜色的专色通道,为了输出专色通道,要将文件以 DCS 2.0 格式或 PDF 格式存储)。

2.2　通道的基础操作

通道的基本操作多是在"通道"面板完成的,如创建新通道、显示和隐藏通道、删除通道等,也可在"通道"面板菜单中访问其他命令和选项,在菜单中选择"窗口"—"通道"命令即可打开"通道"面板(图 4-2-1)。

图 4-2-1　"通道"面板

(1)"通道"面板菜单。单击按钮 ,将打开面板菜单,可以访问其他命令和选项,如新建通道、复制通道等。

(2)将通道作为选区载入。选择某一通道,单击按钮 ,可将通道中白色的图像区域作为选区加载到图像中。

(3)将选区存储为通道。若当前通道中的图像存在选区,单击按钮,系统默认将建立一个新的 Alpha 通道以存储当前的选择区域。

（4）创建新通道。单击按钮 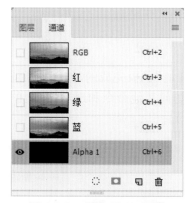，将创建新的 Alpha 通道。若按住键盘"Alt"键时单击按钮 ，系统将弹出一个"新建通道"对话框，可以设置新建通道的名称、色彩指示等参数。

（5）删除通道。选择某一通道，单击按钮 ，将删除当前所选通道。

2.2.1　创建通道

（1）创建 Alpha 通道。打开"通道"面板，单击下方 ，默认新建的 Alpha 通道在缩略图中显示为黑色，表示用"被蒙版区域"作为通道的色彩指示（如图 4-2-2）。

图 4-2-2　创建 Alpha 通道

（2）若双击"Alpha1"通道则弹出"通道选项"对话框，可设置新建通道名称、色彩指示等参数（如图 4-2-3），单击"确定"按钮。

图 4-2-3　"通道选项"对话框

（3）创建专色通道。打开"通道"面板，按住键盘"Ctrl"键单击下方 按钮（如图 4-2-4）。

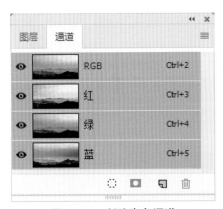

图 4-2-4　创建专色通道

（4）通道弹出一个"新建专色通道"对话框，设置新建专色通道名称、密度等参数（如图 4-2-5），单击"确定"按钮（如图 4-2-6）。

图 4-2-5　"新建专色通道"对话框

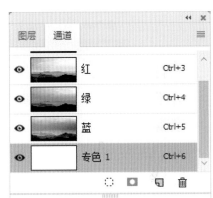

图 4-2-6　创建专色通道

2.2.2　编辑通道

（1）打开文件"远方"（如图 4-2-7），并在"通道"面板中选择"红"通道（如图 4-2-8）。

图 4-2-7　打开文件"远方"

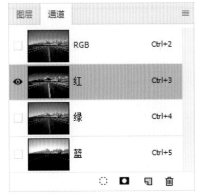

图 4-2-8　选择"红"通道

（2）使用"快速选择"工具 ✐ 进行选择（如图 4-2-9），选择菜单中"图像"—"调整"—

"亮度 / 对比度"命令（如图 4-2-10），调节"亮度 / 对比度"命令，设置"亮度"为"150"，"对比度"为"100"（如图 4-2-11）。

图 4-2-9 　选择天空图像

图 4-2-10 　"亮度 / 对比度"选项

图 4-2-11 　调节参数

（3）在"通道"面板中单击"RGB"通道（如图 4-2-12），在菜单中选择"选择"—"取消选择"（如图 4-2-13），最终效果如图 4-2-14 所示。

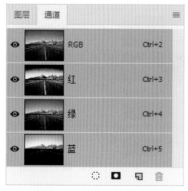

图 4-2-12 　"RGB"通道

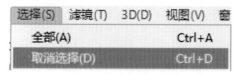

图 4-2-13 　"取消选择"选项

图 4-2-14　最终效果

2.2.3　复制和删除通道

（1）在"通道"面板中选择"红"通道，单击"通道"面板的菜单按钮 ▤（如图 4-2-15）。

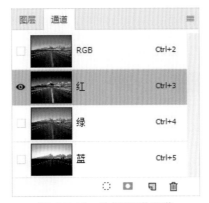

图 4-2-15　选择"红"通道

（2）在弹出的菜单中选择"复制通道"（如图 4-2-16），弹出"复制通道"对话框（如图 4-2-17），单击"确定"按钮。

图 4-2-16　"复制通道"选项

图 4-2-17　"复制通道"对话框

（3）在"通道"面板中复制出"红 拷贝"通道（如图 4-2-18）。

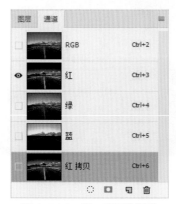

图 4-2-18　"红 拷贝"通道

（4）选择"红 拷贝"通道，单击"通道"面板的菜单按钮 ，在弹出的菜单中选择"删除通道"（如图 4-2-19），"通道"面板中的"红 拷贝"通道将被删除（如图 4-2-20）。

图 4-2-19　"删除通道"选项

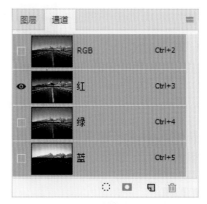

图 4-2-20　删除"红 拷贝"通道

2.2.4　选区与通道相互转换

（1）打开文件"远方"选择选区，为选区转换为通道做好准备（如图 4-2-21）。

图 4-2-21　选择选区

（2）在菜单中选择"选择"—"存储选区"命令（如图 4-2-22），弹出"存储选区"对话框（如图 4-2-23），在其中可更改名称，后单击"确定"按钮。

图 4-2-22　"存储选区"选项　　　　　　　图 4-2-23　"存储选区"对话框

（3）在"通道"面板中出现"远方选区"通道（如图 4-2-24）。

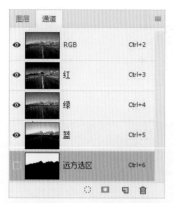

图 4-2-24　"远方选区"通道

（4）在"通道"面板选择"远方选区"通道，在菜单中选择"选择"—"载入选区"命令（如图 4-2-25），单击"RGB"通道，选择"图层"面板，"远方选区"通道作为选区被选择（如图 4-2-26）。

图 4-2-25　"载入选区"选项

图 4-2-26　"远方选区"通道被选择

2.2.5　通道的分离与合并

（1）打开文件"鲸鱼"（如图 4-2-27），单击"通道"面板的菜单按钮 ≡，在弹出的菜单中选择"分离通道"（如图 4-2-28）。

图 4-2-27　打开文件"鲸鱼"

图 4-2-28 "分离通道"选项

（2）文件"鲸鱼"被分离为"红""绿""蓝"三个通道（如图 4-2-29）。

图 4-2-29 分离为红、绿、蓝通道

（3）选择文字工具 **T.**，在"蓝"通道拼写"Whale jumps to the water"，字体设为"方正超粗黑简体"，大小设为"55"，颜色设为"白"（如图 4-2-30），在"图层"面板将背景层与文字层合并图层（如图 4-2-31）。

图 4-2-30 拼写文字

图 4-2-31 合并图层

（4）进入"通道"图层，单击"通道"面板的菜单按钮 ▤，在弹出的菜单中选择"合并通道"，在弹出的"合并通道"对话框中选择"RGB 颜色"（如图 4-2-32），在弹出的"合并 RGB 通道"对话框中单击"确定"按钮（如图 4-2-33），最终效果如图 4-2-34 所示。

图 4-2-32　RGB 颜色　　　　　　　　　　图 4-2-33　合并 RGB 通道

图 4-2-34　最终效果

2.2.6　应用图像与计算

（1）打开文件"叶子"，对文件"叶子"进行"复制"（如图 4-2-35），单击菜单中的"图像"—"应用图像"，弹出"应用图像"对话框（如图 4-2-36）。

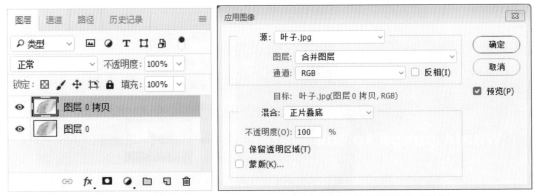

图 4-2-35　复制文件　　　　　　　　图 4-2-36　"应用图像"对话框

（2）使用默认设置，单击"确定"按钮，效果如图 4-2-37 所示。

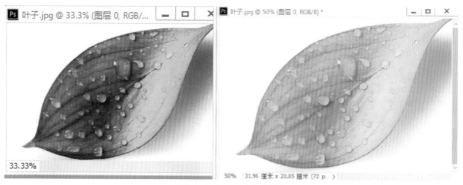

图 4-2-37 对比效果

（3）打开文件"素颜"（如图 4-2-38），选择菜单中"图像"—"计算"（如图 4-2-39），在弹出的对话框中将"源 2"通道变为"绿"（如图 4-2-40）。

图 4-2-38 打开文件"素颜"

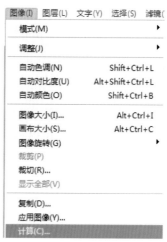

图 4-2-39 "计算"选项

图 4-2-40 设置计算

（4）进入"通道"面板，选择"蓝"通道，按住键盘"Ctrl"键单击"Alpha1"通道（如图 4-2-41），选择"RGB"通道为其添加"白色"，最终效果如图 4-2-42 所示。

图 4-2-41   单击"Alpha1"通道

图 4-2-42   最终效果

3   蒙版

通过蒙版可以对图像进行反复编辑而不破坏原图像，这种编辑称为非破坏性编辑。若对蒙版调整的图像不满意，可以删除蒙版，图像保持原始状态。灵活运用蒙版可以创作出丰富多彩的效果。

蒙版主要用于隔离和保护图像中的指定区域，起到屏蔽保护作用，蒙版共有四种类型：快速蒙版、图层蒙版、矢量蒙版和剪贴蒙版。

3.1   快速蒙版

快速蒙版可将选区转换为蒙版，以便轻松地编辑图像，退出之后，蒙版将转换为图像上的一个选区。

（1）打开文件"宫殿"，使用"椭圆选框工具" ⬭，绘制椭圆形选区（如图 4-3-1），单击"工具"面板下方的"创建快速蒙版" ▣ （如图 4-3-2）。

图 4-3-1   绘制椭圆形选区

图 4-3-2   创建快速蒙版

（2）图中红色区域就是快速蒙版，改变红色区域大小、形状或边缘，也就改变了选区。将"前景色"设为"白色" （用白色画是透明效果，用黑色画是半透明红色蒙版效果，用灰色画是羽化效果），"画笔工具"选择"额外厚实炭笔" ，对蒙版进行绘画（如图4-3-3），完成后再次单击"创建快速蒙版" ，得到新选区效果如图4-3-4所示。

图 4-3-3　对蒙版绘画　　　　　　　　　　　图 4-3-4　新选区效果

（3）在菜单中选择"选择"—"反选"（如图4-3-5），再对选区进行白色"填充"，得到最终效果如图4-3-6所示。

图 4-3-5　"反选"选项

图 4-3-6　最终效果

3.2　图层蒙版

图层蒙版是一种灰度图像，用黑色绘制的区域将被隐藏，用白色绘制的区域是可见的，用灰度绘制区域则会出现在不同层次的透明区域中。图层蒙版是基于图层建立的，在使用图层蒙版时，可以通过改变当前区域的黑白灰程度，反复编辑图像而不破坏原图像，使编辑图像和创建复杂选区变得简单而灵活，常用于图像合成或抠图。

（1）将文件"火焰"和"阴天"按照顺序排列（如图4-3-7），使用"文字工具" 拼写"Night a fire"，"字体"设为"方正超粗黑简体"，"大小"设为"60"（如图4-3-8）。

图 4-3-7　排列文件

图 4-3-8　拼写文字

（2）选择"图层 1"，按键盘"Ctrl"键，单击"Night a fire"层（如图 4-3-9），再单击"图层"面板下方"添加图层蒙版"，删除"Night a fire"层，得到效果如图 4-3-10 所示。

图 4-3-9　选择图层

图 4-3-10　最终效果

3.3 矢量蒙版

矢量蒙版是与分辨率无关的、从图层内容中剪下来的路径，能使图像产生被屏蔽的效果，使用钢笔或形状工具创建矢量蒙版，矢量蒙版也可以转变为图层蒙版。

（1）打开文件"金发"，使用"自定义形状工具" ✿.中的"红心形卡" ♥ 绘制路径（如图 4-3-11）。

图 4-3-11 绘制路径

（2）选择菜单"图层"—"矢量蒙版"—"当前路径"（如图 4-3-12）创建"矢量蒙版"，结果如图 4-3-13 所示。

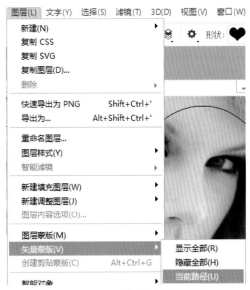

图 4-3-12 "当前路径"选项

图 4-3-13 最终结果

3.4　剪贴蒙版

剪贴蒙版是使用某个图层的内容来遮盖其底部图层,使图像产生被屏蔽的遮盖效果。遮盖效果的显示内容由底部图层的内容决定,显示色彩由遮盖图层的色彩决定,剪贴图层中的所有其他内容将被遮盖。

(1)打开文件"T恤",再将"画布"放在"T恤"之上,单击 👁 关掉显示(如图4-3-14),使用"套索工具" ⌯ 选择黑色T恤图像(如图4-3-15)。

图 4-3-14　按顺序摆放　　　　　　　　图 4-3-15　选择黑色T恤图像

(2)选择菜单中"图层"—"新建""通过拷贝的图层"(如图4-3-16),将黑色T恤图像进行复制,选择"图层1",单击 👁 显示(如图4-3-17),选择"图层"—"创建剪贴蒙版"(如图4-3-18),在"混合模式"中选择"线性减淡(添加)",得到最终效果(如图4-3-19)。

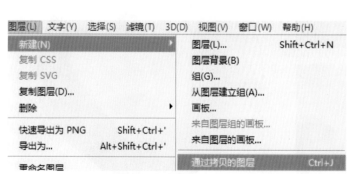

图 4-3-16　"通过拷贝的涂层"选项　　　　　　图 4-3-17　显示"图层1"

图 4-3-18 "创建剪贴蒙版"选项　　　　　图 4-3-19 最终效果

4 案例操作

图层、通道、蒙版在实际工作中的应用相当广泛,三者结合使用可以实现快速便捷且非破坏性的编辑,图层、通道、蒙版掌握的熟练程度,影响着 Photoshop 图形图像的效果,下面通过两个案例进一步加强对图层、通道、蒙版的了解与学习。

4.1 对于长发的抠图方法

(1)打开文件"长发"(如图 4-4-1),使用"多边形套索工具" 对图像进行选区的选择(如图 4-4-2)。

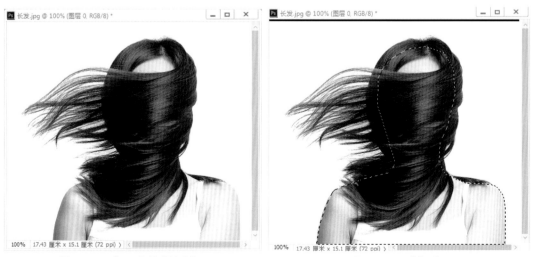

图 4-4-1 打开文件"长发"　　　　　图 4-4-2 选择选区

（2）选择"选择"—"修改"—"羽化"（如图 4-4-3），"羽化半径"设为"3"，对选区进行羽化，再选择"选择"—"图层"—"通过拷贝的图层"复制选区（如图 4-4-4）。

图 4-4-3　"羽化"选项　　　　　　　图 4-4-4　复制选区

（3）将"图层 1"显示关闭（如图 4-4-5），进入"通道"面板，选择"蓝"通道将其拖入至"通道"面板下方"创建新通道"　中，复制"蓝 拷贝"通道（如图 4-4-6）。

图 4-4-5　关闭显示　　　　　　　图 4-4-6　"蓝 拷贝"通道

（4）依次选择"图像"—"调整"—"反相"命令（如图 4-4-7），"图像"—"调整"—"色阶"命令（如图 4-4-8）。

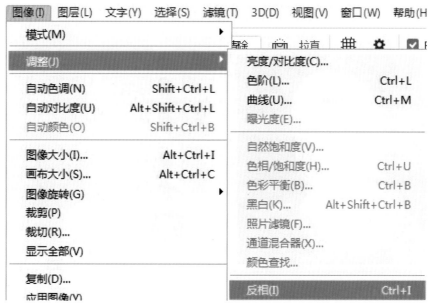

图 4-4-7　"反相"选项

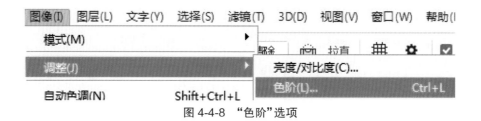

图 4-4-8　"色阶"选项

（5）修改"色阶"中"调整高光色阶"为"175"（如图 4-4-9），效果如图 4-4-10 所示。

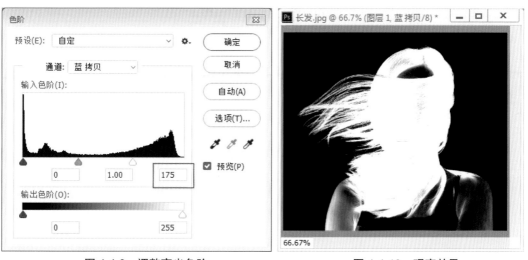

图 4-4-9　调整高光色阶　　　　　　　　图 4-4-10　观察效果

（6）按住键盘"Ctrl"键单击"蓝 拷贝"通道（如图 4-4-11），再选择"RGB"通道（如图

4-4-12）。

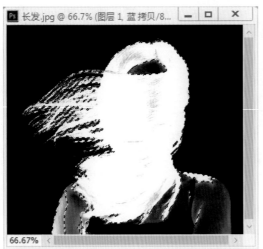

图 4-4-11　"蓝 拷贝"通道

图 4-4-12　"RGB"通道

　　（7）进入"图层"面板，选择"图层 0"（如图 4-4-13），单击"选择"—"新建"—"通过拷贝的图层"复制出"图层 2"（如图 4-4-14）。

图 4-4-13　选择"图层 0"

图 4-4-14　复制出"图层 2"

　　（8）打开文件"背景"（如图 4-4-15），将其放置在"图层 2"下方（如图 4-4-16）。

图 4-4-15　打开文件"背景"

图 4-4-16　放置在"图层 2"下方

（9）选择"图层 2"，单击"图层"—"修编"—"移去白色杂边"（如图 4-4-17），再将"图层 1"显示，最终效果如图 4-4-18 所示。

图 4-4-17　"移去白色杂边"选项

图 4-4-18　最终效果

4.2　修复皮肤

（1）打开文件"皮肤"（如图 4-4-19），使用"修补工具" ⚙. 对比较明显的瑕疵进行修复

（如图 4-4-20）。

图 4-4-19 打开文件"皮肤"

图 4-4-20 使用"修补工具"

（2）进入"通道"面板，选择"蓝"通道，并将其拖入至"通道"面板下方"创建新通道" 中，复制"蓝 拷贝"通道（如图 4-4-21）。

图 4-4-21 "蓝 拷贝"通道

（3）选择"滤镜"—"其他"—"高反差保留"（如图 4-4-22），设置"半径"为"6"（如图 4-4-23）。

图 4-4-22 "高反差保留"选项

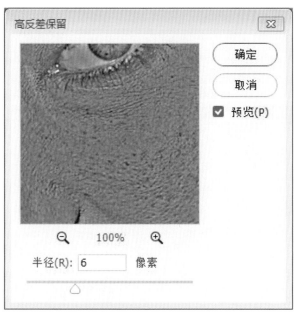

图 4-4-23　设置半径

（4）使用"画笔工具" ，"透明度"与"流量"均设为"100%"，"颜色"设为"灰色"（如图 4-4-24），将眼睛与嘴唇涂抹成灰色（如图 4-4-25）。

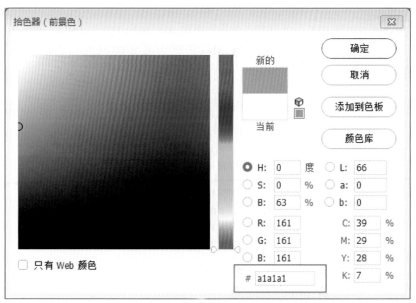

图 4-4-24　设置灰色

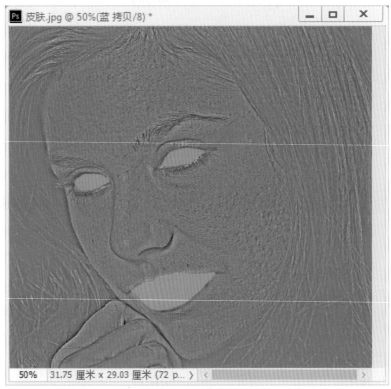

图 4-4-25　涂抹上灰色

（5）选择菜单中"图像"—"计算"命令（如图 4-4-26），将"混合"模式变为"强光"（如图 4-4-27），得到"Alpha1"通道后（如图 4-4-28），重复此步骤两次分别得到"Alpha2""Alpha3"（如图 4-4-29）。

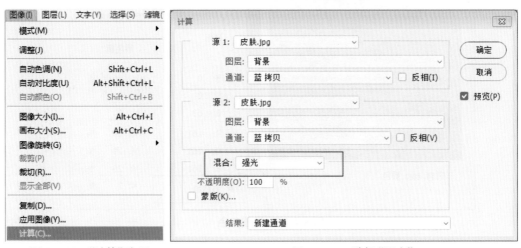

图 4-4-26　"计算"选项　　　　　　　　　　　　图 4-4-27　选择"强光"

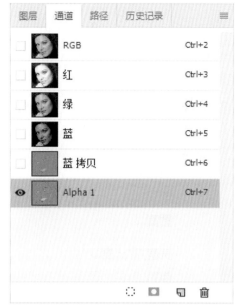

图 4-4-28 Alpha1 通道

图 4-4-29 三个 Alpha 通道

（6）按住键盘"Ctrl"键单击"Alpha3"通道进行选择（如图 4-4-30），再选择"选择"—"反选"命令，效果如图 4-4-31 所示。

图 4-4-30 通道选择

图 4-4-31 反选效果

（7）单击"RGB"通道（如图 4-4-32）回到"图层"面板，单击"图层"面板下方 ，"创建新的填充或调整图层"中"曲线"（如图 4-4-33），对"曲线"进行调节（如图 4-4-34），效果如图 4-4-35 所示。

图 4-4-32   RGB 通道

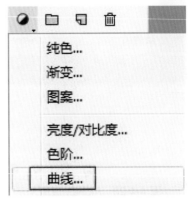

图 4-4-33   "曲线"选项

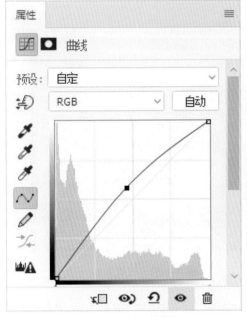

图 4-4-34   调节曲线

图 4-4-35   观察效果

（8）选择"背景"与"曲线 1"，按键盘"Ctrl+Alt+E"键盖印图层（如图 4-4-36），得到"图层 1"，再将"背景"图层复制两次分别命名为"表面模糊"和"高反差保留"（如图 4-4-37）。

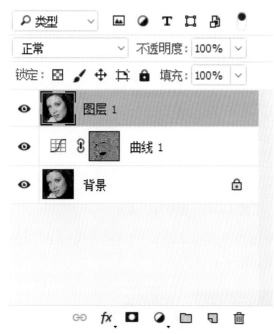

图 4-4-36　得到"图层 1"

图 4-4-37　复制"背景"图层

（9）对"表面模糊"图层进行"滤镜""模糊""表面模糊"处理（如图 4-4-38），"半径"设为"20"，"阈值"设为"20"（如图 4-4-39），"表面模糊"图层"透明度"设为"50%"。

图 4-4-38　"表面模糊"选项

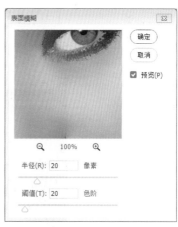

图 4-4-39　调节数值

（10）选择"高反差保留"图层，单击"图像"—"应用图像"（如图 4-4-40），"通道"设为"红"（如图 4-4-41）。

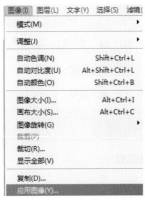

图 4-4-40　"应用图像"选项　　　　　图 4-4-41　选择"红"通道

（11）选择"滤镜"—"其它"—"高反差保留"（如图 4-4-42），"半径"设为"0.6"，"混合模式"设为"线性光"（如图 4-4-43），最终效果如图 4-4-44 所示。

图 4-4-42　高反差保留

图 4-4-43　线性光

图 4-4-44　最终效果

第五章　滤镜的使用方法

知识重点

◇　理解滤镜组的基本功能
◇　掌握滤镜的使用和技巧

职业素养

　　通过对案例作品主题、形式、技法方面的艺术鉴赏和分析,随机渗透色彩、透视、素描、摄影、构图等相关知识,以及单纯齐一、对称均衡、节奏韵律、对比调和、过渡照应、结构比例、多样统一等形式美法则知识,让学生浸润健康的审美情趣,提升审美素养。

引言

　　滤镜就是特效,主要用来实现图像的各种特殊效果,具有非常神奇的作用。在 Photoshop 中,用户可以针对图像使用不同的滤镜效果,也可以多次使用同一个滤镜效果。滤镜通常需要与通道、图层、蒙版等联合使用,才能取得最佳效果。所有的滤镜都分类放置在菜单中,使用时只需在菜单中进行选择即可。滤镜的操作是非常简单的,但是真正使用起来却很难用得恰到好处。

1　滤镜的基本知识

　　滤镜按照不同的类型分组排列在"滤镜"菜单下。可根据不同特效的需要,快捷简便地选择不同的滤镜。"滤镜"的使用也十分简单,使用滤镜时,通过调整滤镜的不同控制参数即可调整特效效果。(Photoshop 软件中默认的滤镜显示在"滤镜"菜单中,第三方开发的滤镜称作"滤镜插件",也可以作为增效工具进行使用。在安装完成后,这些第三方开发的滤镜便出现在"滤镜"菜单的底部)

　　在使用"滤镜"前,有些常见问题和使用方法需要熟记于心,滤镜作用于当前选择的选区、图层、通道之中;滤镜的处理效果以像素为单位,因此滤镜特效处理效果与图像分辨率有直接关系;滤镜应用于图像局部时,可对图像选区设定羽化值,使处理的区域能非常自然地与原图结合在一起;某些滤镜(如画笔描边、素描和艺术效果等)对 CMYK、Lab、16 位 / 通道模式不能使用;大多数滤镜在预览框中可直接看到图像经过特效处理后的效果,只要在对话框中,将鼠标指针移至预览框,当鼠标指针变成手形形状,按住鼠标左键并拖动,即可移动预览框中的图像进行预览;调整完成各参数后,单击"确定"执行滤镜效果,单击"取消"则不执行滤镜效果,按住键盘"Alt"键则"取消"变为"复位",单击它,参数会恢复到上一次设置的状态。默认虑镜如图 5-1-1 所示。

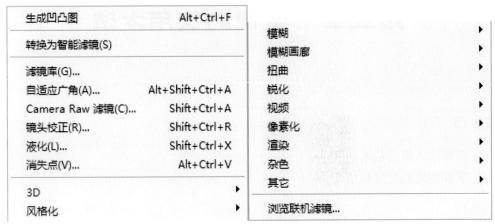

图 5-1-1　默认滤镜

2　滤镜的分类与特点

"滤镜"种类繁多,准确地使用"滤镜"对图像进行处理有着"锦上添花"的妙用,能为图像增色不少。Photoshop 软件中默认的"滤镜"就有几十种之多,如果将第三方开发的滤镜也计算在内,"滤镜"的种类、数量真的无法计算了。由于本书篇幅有限,不能一一介绍,我们将"滤镜"学习的重点放在部分默认的"滤镜"之上,下面将介绍"滤镜"的具体使用方法。

2.1　转换为智能滤镜

智能滤镜是一种非破坏性滤镜,可以在不破坏图像本身像素的条件下为图层添加滤镜效果(在普通图层中应用智能滤镜,图层将转变为智能对象,此时应用滤镜,不会破坏图像本身的像素)。

（1）打开文件"智能滤镜"（如图 5-2-1），选择"滤镜"—"转换为智能滤镜"（如图 5-2-2）。

图 5-2-1　打开"智能滤镜"

图 5-2-2　"转换为智能滤镜"命令

（2）在弹出的对话框中单击"确定"按钮（如图 5-2-3），观察"图层通道"（如图 5-2-4）。

图 5-2-3 单击"确定"按钮　　　　　　　图 5-2-4 图层通道

（3）此时为"图层 0"添加"滤镜"—"风格化""风"命令（如图 5-2-5），使用默认选项，单击"确定"按钮，观察"图层通道"（如图 5-2-6）。

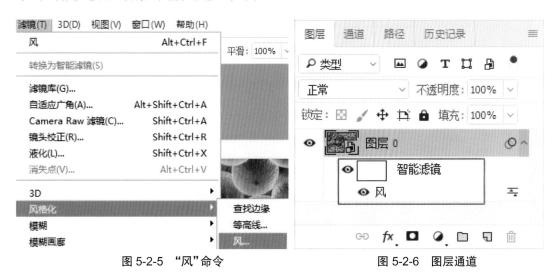

图 5-2-5 "风"命令　　　　　　　　图 5-2-6 图层通道

（4）"图层通道"出现"智能滤镜"（蒙版）与"风"，它们可以进一步对文件"智能滤镜"进行修改，效果如图 5-2-7 所示，如果未添加"转换为智能滤镜"，添加滤镜后不能进一步进行修改（如图 5-2-8）。

图 5-2-7　最终效果

图 5-2-8　文件不能修改

2.2　滤镜库

简单地说,滤镜库就是存放"滤镜"的仓库,可以提供许多特殊效果滤镜的预览(如图 5-2-8)。在"滤镜库"中可以使用多个滤镜、打开或关闭滤镜效果、改变滤镜特效的顺序等。

图 5-2-8　滤镜库

2.3　自适应广角

"自适应广角"滤镜可以快速拉直全景镜头或鱼眼镜头等拍摄的弯曲的照片或扭曲的镜头。

（1）打开文件"自适应广角"（如图5-2-9），选择"滤镜"—"自适应广角"（如图5-2-10）。

图 5-2-9　打开文件"自适应广角"　　　　图 5-2-10　选择"自适应广角"

（2）观察"自适应广角"对话框，其中包含多个调节命令（如图5-2-11）。

校正：选择校正类型。选择"鱼眼"可校正由鱼眼镜头所引起的极度弯度。选择"透视"可校正由视角和相机倾斜所引起的会聚线。选择"完整球面"可校正 360°全景图，全景图的长宽比必须为 2∶1。选择"自动"可自动检测合适的校正。

缩放：指定值以缩放图像，使用此值最小化在应用滤镜之后引入的空白区域。

焦距：指定镜头的焦距，如果在照片中检测到透镜信息，则此值会自动填充。

裁剪因子：指定值以确定如何裁剪最终图像，将此值结合"缩放"一起使用可以补偿在应用此滤镜时导致的任何空白区域。

原照设置：勾选此选项可以使用镜头配置文件中定义的值。如果没有找到镜头信息，则禁用此选项。

图 5-2-11　"自适应广角"对话框

（3）对文件"自适应广角"进行调节（如图 5-2-12），得到最终效果如图 5-2-13 所示。

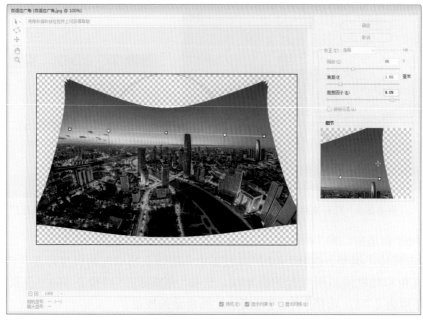

图 5-2-12　进行调节

图 5-2-13　最终效果

2.4　Camera Raw 滤镜

在早期 Photoshop 版本中并没有"Camera Raw"滤镜，它是作为"插件"而存在的，在 Photoshop CC 版本中将它内置为滤镜，可以方便地处理图片。

（1）打开文件"Camera Raw 滤镜"（如图 5-2-14），单击菜单"滤镜"—"Camera Raw 滤镜"（如图 5-2-15）。

图 5-2-14　打开文件"Camera Raw 滤镜"　　　图 5-2-15　选择"Camera Raw 滤镜"

（2）观察"Camera Raw 滤镜"对话框，其中包含多个调节命令（如图 5-2-16）。

基本：调整白平衡、色温以及色调。

色调曲线：使用"参数"曲线和"点"曲线对色调进行微调。

细节：对图像进行锐化处理或减少杂色。

HSL/ 灰度：使用"色相""饱和度"和"明亮度"对颜色进行微调。

分离色调：为单色图像添加颜色，或者为彩色图像创建特殊效果。

镜头校正：补偿相机镜头造成的色差和晕影。

效果：可以"去除薄雾"、设置"颗粒"以及"裁剪后晕影"。

相机校准：将相机配置文件应用于原始图像，用于校正色调和调整非中性色，以补偿相机图像传感器的行为。

预设：将多组图像调整存储为预设并进行应用，最终效果如图 5-2-17 所示。

图 5-2-16　"Camera Raw 滤镜"对话框

图 5-2-17　最终效果

2.5　镜头校正

"镜头校正"滤镜可以修复照片中出现的变形、色差以及晕影等问题,还可以用来校正照片倾斜的现象。

（1）打开文件"镜头校正"（如图 5-2-18）,单击菜单"滤镜"—"镜头校正"（如图 5-2-19）。

图 5-2-18　打开文件"镜头校正"

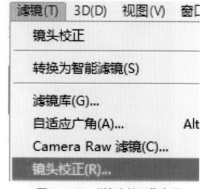

图 5-2-19　"镜头校正"选项

（2）观察"镜头校正"对话框（如图 5-2-20）,其中包含多个调节命令。

移去扭曲工具:按住鼠标左键向中心拖动或者脱离中心以校正失真。

拉直工具:绘制一条线将图像拉直到新的横轴或纵轴。

移动网格工具：鼠标拖动以移动对齐网格。

抓手工具：鼠标拖动以移动图像。

缩放工具：缩放图像。

几何扭曲校正：校正图像的桶形或枕形变形。

色差修复：修复图像边缘产生的边缘色差。

晕影校正：校正图像边角产生的晕影。

变换修复：修复由于相机垂直或水平倾斜导致的图像透视现象。

使用镜头校正滤镜，最终效果如图 5-2-21 所示。

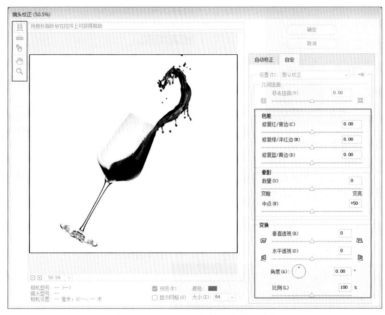

图 5-2-20　"镜头校正"对话框

图 5-2-21　最终效果

2.6　液化

"液化"滤镜可用来推、拉、旋转、反射、缩拢及膨胀影像的任何区域,特别在对"人物"进行调节时可以创造出惊人的效果。

（1）打开文件"液化"（如图 5-2-22），单击菜单"滤镜"—"液化"（如图 5-2-23）。

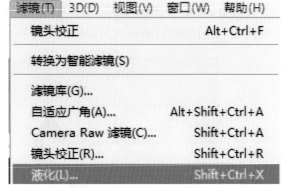

图 5-2-22　打开文件"液化"　　　　　　　　　　图 5-2-23　选择"液化"

（2）观察"液化"对话框（如图 5-2-24），其中包含多个调节命令，可以识别人脸，并手动调节脸型、眼睛、鼻子、嘴的大小和角度。使用"液化"滤镜最终效果如图 5-2-25 所示。

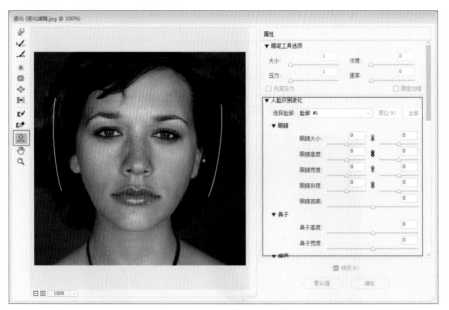

图 5-2-24　"液化"对话框

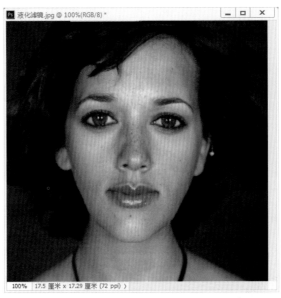

图 5-2-25　最终效果

2.7　消失点

　　"消失点"滤镜可自动应用透视原理,按照透视的比例和角度进行计算,使图像自动形成透视效果。

　　(1)打开文件"消失点 1"和"消失点 2"(如图 5-2-26),单击菜单"滤镜"—"消失点"(如图 5-2-27)。

图 5-2-26　打开文件"消失点 1"和"消失点 2"

图 5-2-27　选择"消失点"

　　(2)观察"消失点"对话框(如图 5-2-28),在对话框中调节"消失点 1",将"消失点 2"复制粘贴到"消失点 1"中进行调节(如图 5-2-29),最终效果如图 5-2-30 所示。

图 5-2-28　"消失点"对话框

图 5-2-29　复制粘贴

图 5-2-30　最终效果

2.8　3D

　　3D 选项中包括"生成凹凸图"和"生成法线图"两个选项,可以生成效果更好的凹凸图和法线图,多用于三维软件里的制作过程(凹凸图和法线图都是通过改变物体表面法线的方法来模拟物体表面细节的。不同之处在于,凹凸图用单一的方式来改变法线,使原本的法线与摄像机的夹角发生变化;而法线图则利用 3 种通道重新描述模拟的信息),在菜单"滤镜"—"3D"中可以进行选择(如图 5-2-31)。

图 5-2-31　"3D"选项

（1）打开文件"3D"（如图5-2-32），分别选择"滤镜"—"3D"—"生成凹凸图"与"生成法线图"命令，对话框的右侧是细节设置，生成凹凸图和法线图的细节包括模糊设置、细节缩放、对比度细节调整以及材质预览，使用默认设置，单击"确定"按钮。

图 5-2-32　打开文件"3D"

（2）观察"生成凹凸图"设置对话框（如图5-2-33）和生成后的效果（如图5-2-34），观察"生成法线图"设置对话框（如图5-2-35）和生成后的效果（如图5-2-36）。

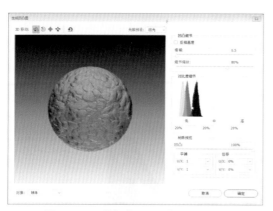

图 5-2-33　"生成凹凸图"设置对话框

图 5-2-34　"生成凹凸图"效果

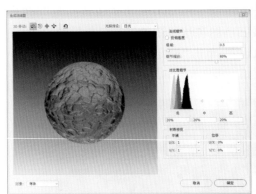

图 5-2-35　"生成法线图"设置对话框

图 5-2-36　"生成法线图"效果

2.9　风格化

"风格化"滤镜中包括十种滤镜效果（如图 5-2-37），它们通过查找和增加图像中的对比度，产生各种风格化效果。（"照亮边缘"滤镜在滤镜库中）

图 5-2-37　"风格化"滤镜

（1）打开文件"风格化"（如图 5-2-38），分别使用风格化中不同滤镜效果进行设置并观察不同的效果。

图 5-2-38　打开文件"风格化"

（2）在菜单中选择"滤镜"—"风格化"—"查找边缘"，"查找边缘"滤镜自动搜索图像中颜色对比度变化强烈的边界，从而勾画出图像的边界轮廓，使用"查找边缘"滤镜，效果如图 5-2-39 所示。

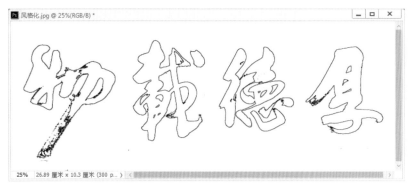

图 5-2-39　"查找边缘"滤镜最终效果

（3）在菜单中选择"滤镜"—"风格化"—"等高线"，"等高线"滤镜查找主要亮度区域的转换，并为每个颜色通道淡淡地勾勒主要亮度区域的转换，使用"等高线"滤镜，效果如图 5-2-40 所示。

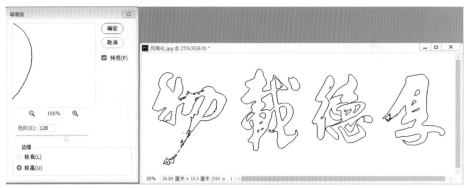

图 5-2-40　"等高线"滤镜最终效果

（4）在菜单中选择"滤镜"—"风格化"—"风"，"风"滤镜是在图像中增加一些细小的水平线生成起风的效果，使用"风"滤镜，效果如图 5-2-41 所示。

图 5-2-41　"风"滤镜最终效果

（5）在菜单中选择"滤镜"—"风格化"—"浮雕效果"，"浮雕效果"滤镜是通过勾勒边缘和降低色值来产生浮雕效果，使用"浮雕"效果滤镜，效果如图 5-2-42 所示。

图 5-2-42　"浮雕效果"滤镜最终效果

（6）在菜单中选择"滤镜"—"风格化"—"扩散"，"扩散"滤镜能搅乱像素虚化焦点，其中包括："正常"，使像素随机；"变暗优先"，用较暗的像素替换较亮的像素；"变亮优先"，用较亮的像素替换较暗的像素；"各向异性"，在颜色变化最小的方向上搅乱像素；使用"变亮优先"滤镜，效果如图 5-2-43 所示。

图 5-2-43　"变亮优化"滤镜最终效果

（7）在菜单中选择"滤镜"—"风格化"—"拼贴"，"拼贴"滤镜能将图像分解为拼贴图案，使用"拼贴"滤镜，效果如图 5-2-44 所示。

图 5-2-44　"拼贴"滤镜最终效果

（8）在菜单中选择"滤镜"—"风格化"—"曝光过度"，"曝光过度"滤镜会产生类似照片曝光的效果，使用"曝光过度"滤镜，效果如图 5-2-45 所示。

图 5-2-45　"曝光过度"滤镜最终效果

（9）在菜单中选择"滤镜"—"风格化"—"凸出"，"凸出"滤镜赋予图像 3D 纹理效果，使用"凸出"滤镜，效果如图 5-2-46 所示。

图 5-2-46　"凸出"滤镜最终效果

（10）在菜单中选择"滤镜库"—"风格化"—"照亮边缘"，"照亮边缘"滤镜能自动搜索图像边界提高亮度，使用"照亮边缘"滤镜，效果如图 5-2-47 所示。

图 5-2-47　"照亮边缘"滤镜最终效果

2.10　模糊

"模糊"滤镜中包括 11 种滤镜效果（如图 5-2-48），使用后图像中过于清晰或对比度过于强烈的区域会产生模糊效果,变得柔和。

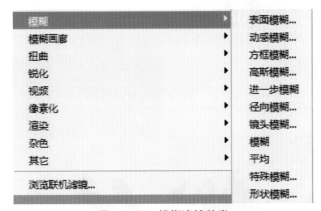

图 5-2-48　模糊滤镜种类

（1）打开文件"模糊"（如图 5-2-49），分别使用模糊选项中不同滤镜进行设置,观察不同的效果。

图 5-2-49　打开文件"模糊"

（2）在菜单中选择"滤镜库"—"模糊"—"表面模糊"，"表面模糊"滤镜能在保留边缘的同时模糊图像，使用"表面模糊"滤镜，效果如图 5-2-50 所示。

图 5-2-50　"表面模糊"滤镜最终效果

（3）在菜单中选择"滤镜库"—"模糊"—"动感模糊"，"动感模糊"滤镜能利用像素线性移动产生运动模糊效果，使用"动感模糊"滤镜，效果如图 5-2-51 所示。

图 5-2-51　"动感模糊"滤镜最终效果

（4）在菜单中选择"滤镜库"—"模糊"—"方框模糊"，"方框模糊"滤镜能作用于像素平均色值来模糊图像，使用"方框模糊"滤镜，效果如图 5-2-52 所示。

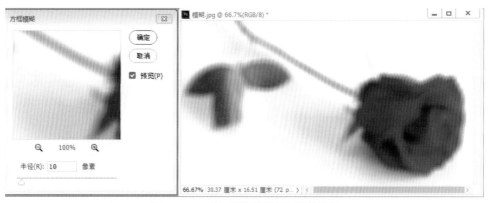

图 5-2-52　"方框模糊"滤镜最终效果

（5）在菜单中选择"滤镜库"—"模糊"—"高斯模糊","高斯模糊"滤镜能利用高斯曲线的正态分布模式模糊图像,使用"高斯模糊"滤镜,效果如图 5-2-53 所示。

图 5-2-53 "高斯模糊"滤镜最终效果

（6）在菜单中选择"滤镜库"—"模糊"—"进一步模糊","进一步模糊"滤镜可以在图像中有明显颜色变化的地方消除杂色,使用"进一步模糊"滤镜,效果如图 5-2-54 所示。

图 5-2-54 "进一步模糊"滤镜最终效果

（7）在菜单中选择"滤镜库"—"模糊"—"径向模糊","径向模糊"滤镜能够产生旋转模糊或缩放模糊的效果,使用"径向模糊"滤镜,效果如图 5-2-55 所示。

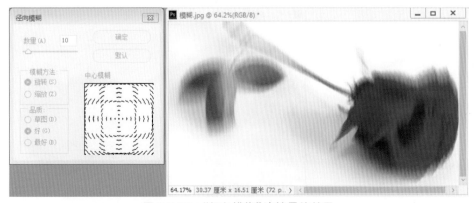

图 5-2-55 "径向模糊"滤镜最终效果

（8）在菜单中选择"滤镜库"—"模糊"—"镜头模糊"，"镜头模糊"滤镜可以模拟现实中拍照产生的视觉模糊效果，使用"镜头模糊"滤镜，效果如图 5-2-56 所示。

图 5-2-56 "镜头模糊"滤镜最终效果

（9）在菜单中选择"滤镜库"—"模糊"—"模糊"，"模糊"滤镜可以通过平衡线条和遮蔽清晰边缘的像素产生模糊效果，使用"模糊"滤镜，效果如图 5-2-57 所示。

图 5-2-57 "模糊"滤镜最终效果

（10）在菜单中选择"滤镜库"—"模糊"—"平均"，"平均"滤镜可以平均颜色，创建平滑的外观，从而产生模糊效果，使用"平均"滤镜，效果如图 5-2-58 所示。

图 5-2-58 "平均"滤镜最终效果

（11）在菜单中选择"滤镜库"—"模糊"—"特殊模糊"，"特殊模糊"滤镜可产生一种精确的模糊效果，使用"特殊模糊"滤镜，效果如图 5-2-59 所示。

图 5-2-59 "特殊模糊"滤镜最终效果

（12）在菜单中选择"滤镜库"—"模糊"—"形状模糊"，"形状模糊"滤镜使用矢量形状创建模糊，使用"形状模糊"滤镜，效果如图 5-2-60 所示。

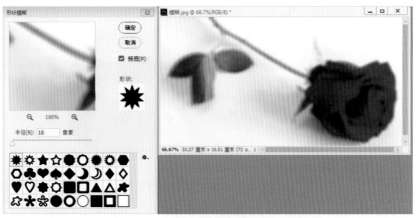

图 5-2-60 "形状模糊"滤镜最终效果

2.11 模糊画廊

"模糊画廊"滤镜中包括五种滤镜效果（如图 5-2-61），可以通过面板的调节创建不同的模糊效果。

图 5-2-61 "模糊画廊"选项

（1）打开文件"模糊画廊"（如图5-2-62），分别使用"模糊画廊"中不同滤镜进行设置，观察不同的效果。

图 5-2-62　打开文件"模糊画廊"

（2）在菜单中选择"滤镜"—"模糊画廊"—"场景模糊"，"场景模糊"滤镜可对图片进行焦距调整，从而产生渐变的模糊效果，使用效果如图5-2-63所示。

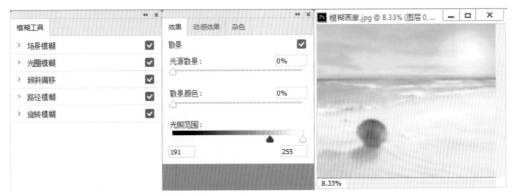

图 5-2-63　"场景模糊"滤镜最终效果

（3）在菜单中选择"滤镜"—"模糊画廊"—"光圈模糊"，"光圈模糊"滤镜可对图片模拟景深产生模糊效果，使用效果如图5-2-64所示。

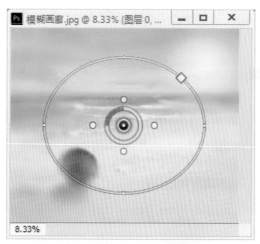

图 5-2-64　"光圈模糊"滤镜最终效果

（4）在菜单中选择"滤镜"—"模糊画廊"—"路径模糊"，"路径模糊"滤镜可沿路径方向创建模糊效果，使用效果如图 5-2-65 所示。

（5）在菜单中选择"滤镜"—"模糊画廊"—"旋转模糊"，"旋转模糊"滤镜可用来创建圆形或椭圆形的模糊效果，使用效果如图 5-2-66 所示。

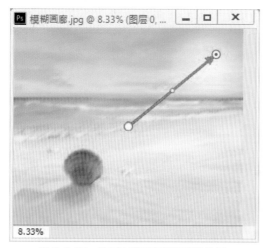

图 5-2-65　"路径模糊"滤镜最终效果

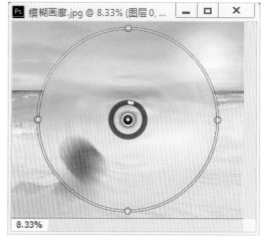

图 5-2-66　"旋转模糊"滤镜最终效果

2.12　扭曲

"扭曲"滤镜中包括 12 种滤镜效果（如图 5-2-67），可对图像进行各种扭曲效果和变形效果处理（"玻璃""海洋波纹""扩散亮光"三种滤镜在"滤镜库"中）。

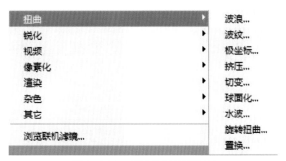

图 5-2-67 "扭曲"滤镜选项

（1）打开文件"扭曲"（如图 5-2-68），分别使用"扭曲"中的不同滤镜进行设置，观察不同的效果。

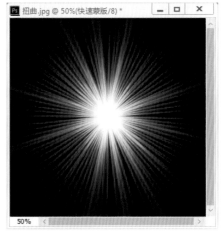

图 5-2-68 打开文件"扭曲"

（2）在菜单中选择"滤镜"—"扭曲"—"波浪"，"波浪"滤镜可用不同的波长、波幅模拟不同的波浪扭曲效果，使用效果如图 5-2-69 所示。

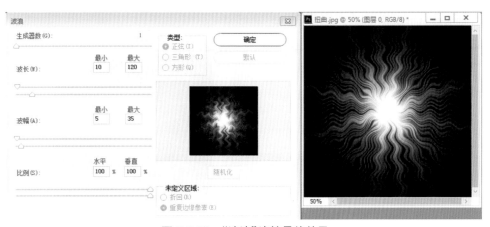

图 5-2-69 "波浪"滤镜最终效果

（3）在菜单中选择"滤镜"—"扭曲"—"波纹"，"波纹"滤镜可模拟水波涟漪的扭曲效果，使用效果如图 5-2-70 所示。

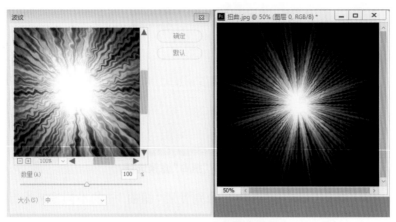

图 5-2-70 "波纹"滤镜最终效果

（4）在菜单中选择"滤镜"—"扭曲"—"极坐标"，"极坐标"滤镜可将图像的平面坐标与极坐标相互转换形成扭曲效果，使用效果如图 5-2-71 所示。

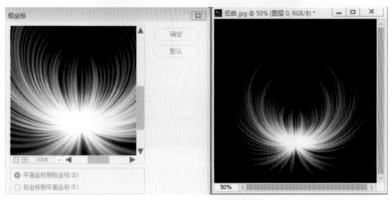

图 5-2-71 "极坐标"滤镜最终效果

（5）在菜单中选择"滤镜"—"扭曲"—"挤压"，"挤压"滤镜可将图像向内或向外挤出形成扭曲效果，使用效果如图 5-2-72 所示。

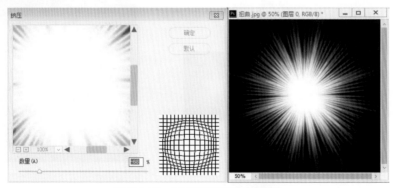

图 5-2-72 "挤压"滤镜最终效果

（6）在菜单中选择"滤镜"—"扭曲"—"切变"，"切变"滤镜可按照弯曲路径产生扭曲效果，使用效果如图 5-2-73 所示。

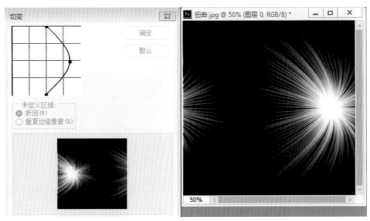

图 5-2-73 "切变"滤镜最终效果

（7）在菜单中选择"滤镜"—"扭曲"—"球面化"，"球面化"滤镜可按照不同选项产生扭曲效果，使用效果如图 5-2-74 所示。

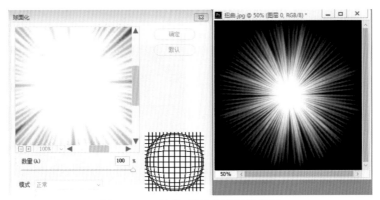

图 5-2-74 "球面化"滤镜最终效果

（8）在菜单中选择"滤镜"—"扭曲"—"水波"，"水波"滤镜可模拟湖面波纹的扭曲效果，使用效果如图 5-2-75 所示。

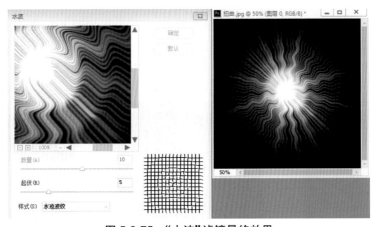

图 5-2-75 "水波"滤镜最终效果

（9）在菜单中选择"滤镜"—"扭曲"—"旋转扭曲"，"旋转扭曲"滤镜可模拟旋风的扭曲效果，使用效果如图 5-2-76 所示。

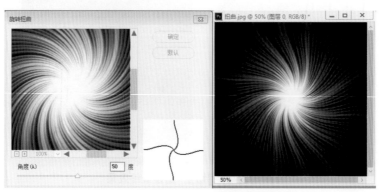

图 5-2-76　"旋转扭曲"滤镜最终效果

（10）在菜单中选择"滤镜"—"扭曲"—"置换"，"置换"滤镜选择一个图像（必须是PSD 格式）与当前图像交错组合并产生扭曲效果，使用效果如图 5-2-77 所示。

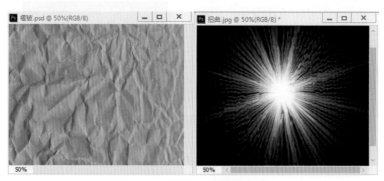

图 5-2-77　"置换"滤镜最终效果

（11）在菜单中选择"滤镜库"—"扭曲"—"玻璃"，"玻璃"滤镜可以制作细小的纹理，模拟透过不同类型的玻璃产生的扭曲效果，使用效果如图 5-2-78 所示。

（12）在菜单中选择"滤镜库"—"扭曲"—"海洋波纹"，"海洋波纹"滤镜将随机分隔的波纹添加到图像表面，模拟海洋波纹的扭曲效果，使用效果如图 5-2-79 所示。

（13）在菜单中选择"滤镜库"—"扭曲"—"扩散光亮"，"扩散光亮"滤镜利用背景色的颜色将图像中较亮的区域进行扩散产生扭曲效果，使用效果如图 5-2-80 所示。

图 5-2-78 "玻璃"滤镜最终效果　图 5-2-79 "海洋波纹"滤镜最终效果　图 5-2-80 "扩散光亮"滤镜最终效果

2.13　锐化

"锐化"滤镜包括六种滤镜效果,可以通过加大像素对比度提高图像清晰度。

图 5-2-81　"锐化"选项

(1)打开文件"锐化"(如图 5-2-82),分别使用锐化中不同滤镜进行设置,观察不同的效果。

图 5-2-82　打开文件"锐化"

(2)在菜单中选择"滤镜"—"锐化"—"USM 锐化","USM 锐化"滤镜可以提高图像边缘的清晰度,使用效果如图 5-2-83 所示。

图 5-2-83　"USM 锐化"最终效果

(3)在菜单中选择"滤镜"—"锐化"—"防抖","防抖"滤镜可以减少运动模糊,使用效果如图 5-2-84 所示。

（4）在菜单中选择"滤镜"—"锐化"—"进一步锐化"，"进一步锐化"滤镜可以自动进行锐化处理，使用效果如图 5-2-85 所示。

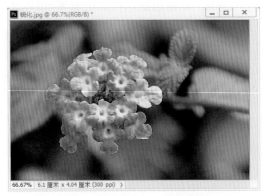

图 5-2-84　"防抖"滤镜最终效果　　　　图 5-2-85　"进一步锐化"滤镜最终效果

（5）在菜单中选择"滤镜"—"锐化"—"锐化"，"锐化"滤镜可以自动锐化提高清晰度，使用效果如图 5-2-86 所示。

（6）在菜单中选择"滤镜"—"锐化"—"锐化边缘"，"锐化边缘"滤镜可以可锐化边缘对比度，使分界更加明显，使用效果如图 5-2-87 所示。

图 5-2-86　"锐化"滤镜最终效果　　　　　图 5-2-87　"锐化边缘"滤镜最终效果

（7）在菜单中选择"滤镜"—"锐化"—"智能锐化"，"智能锐化"滤镜可设置锐化算法、控制阴影和高光区域的锐化量，使用效果如图 5-2-88 所示。

图 5-2-88　"智能锐化"滤镜的设置和最终效果

2.14　视频

　　"视频"滤镜包括两种滤镜效果（如图 5-2-89），视频滤镜组属于 Photoshop 的外部接口程序，用来从摄像机输入图像或将图像输出到录像带上。

图 5-2-89　"视频"滤镜选项

2.15　像素化

　　"像素化"滤镜包括七种滤镜效果（如图 5-2-90），像素化滤镜是将图像分成若干区域，再将这些区域转变为相应的色块，再由色块构成图像。

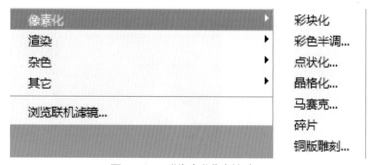

图 5-2-90　"像素化"滤镜选项

　　（1）打开文件"像素化"（如图 5-2-91），分别使用像素化中不同滤镜进行设置，观察不同的效果。

图 5-2-91　打开文件"像素化"

　　（2）在菜单中选择"滤镜"—"像素化"—"彩块化"，"彩块化"滤镜可将相近颜色的像素结成像素块，使用效果如图 5-2-92 所示。

图 5-2-92　"彩块化"滤镜最终效果

（3）在菜单中选择"滤镜"—"像素化"—"彩色半调"，"彩色半调"滤镜可模拟铜版画的效果，使用效果如图 5-2-93 所示。

图 5-2-93　"彩色半调"滤镜设置和最终效果

（4）在菜单中选择"滤镜"—"像素化"—"点状化"，"点状化"滤镜将模拟不规则的点状效果，使用效果如图 5-2-94 所示。

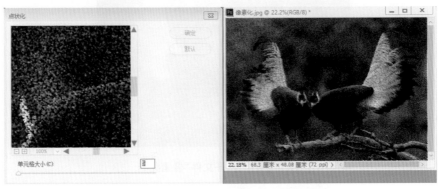

图 5-2-94　"点状化"滤镜设置和最终效果

（5）在菜单中选择"滤镜"—"像素化"—"晶格化"，"晶格化"滤镜将相近颜色的像素集中到晶格中，使用效果如图 5-2-95 所示。

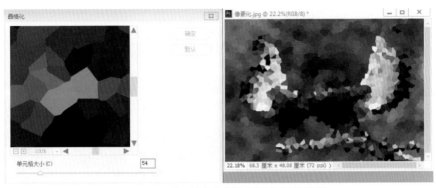

图 5-2-95　"晶格化"滤镜设置和最终效果

（6）在菜单中选择"滤镜"—"像素化"—"马赛克"，"马赛克"滤镜将相近颜色的像素集中到方块中，使用效果如图 5-2-96 所示。

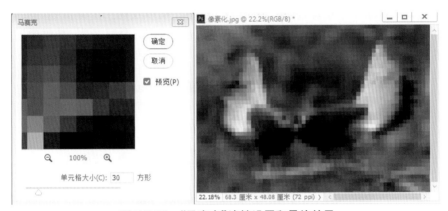

图 5-2-96　"马赛克"滤镜设置和最终效果

（7）在菜单中选择"滤镜"—"像素化"—"碎片"，"碎片"滤镜可将相近像素平均并偏移，使用效果如图 5-2-97 所示。

图 5-2-97　"碎片"滤镜最终效果

（8）在菜单中选择"滤镜"—"像素化"—"铜版雕刻"，"铜版雕刻"滤镜可随机产生不规则图形，形成金属板效果，使用效果如图 5-2-98 所示。

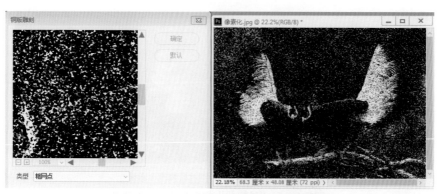

图 5-2-98　"铜版雕刻"滤镜设置和最终效果

2.16　渲染

此版本 Photoshop 为"渲染"滤镜增加了火焰、图片框以及树三个新滤镜,同时也保留了低版本的渲染滤镜,渲染滤镜可以生成纤维、云彩、镜头光晕、分层云彩、光照效果等特效效果(如图 5-2-99)。

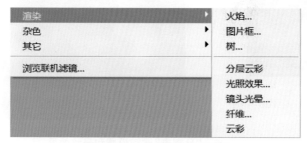

图 5-2-99　"渲染"滤镜选项

(1)在菜单中选择"滤镜"—"渲染"—"火焰","火焰"滤镜是创建在路径上的滤镜,所以使用"火焰"滤镜必须先绘制出路径,再单击"火焰"滤镜,使用效果如图 5-2-100 所示。

(2)在菜单中选择"滤镜"—"渲染"—"图片框","图片框"滤镜可为图片添加各种像框效果,使用效果如图 5-2-101 所示。

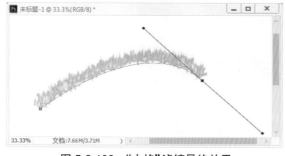

图 5-2-100　"火焰"滤镜最终效果

图 5-2-101　"图片框"滤镜最终效果

(3)在菜单中选择"滤镜"—"渲染"—"树","树"滤镜包含多种不同样式的树,并且可设置树的外观细节,使用效果如图 5-2-102 所示。

（4）在菜单中选择"滤镜"—"渲染"—"分层云彩"，"分层云彩"滤镜与"云彩"滤镜相似，是在"云彩"滤镜效果上进行反白，使用效果如图 5-2-103 所示。

 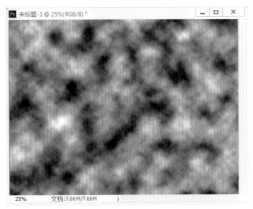

图 5-2-102 "树"滤镜最终效果   图 5-2-103 "分层云彩"滤镜最终效果

（5）在菜单中选择"滤镜"—"渲染"—"光照效果"，"光照效果"滤镜是一个比较复杂的滤镜，但是这个滤镜可以创造出许多奇妙的灯光纹理效果，"光照效果"滤镜包含点光、聚光灯、无限光三种光源，可为图像设置各种光照效果，可以设置光源的位置、颜色、强度、聚光、着色等，使用效果如图 5-2-104 所示。

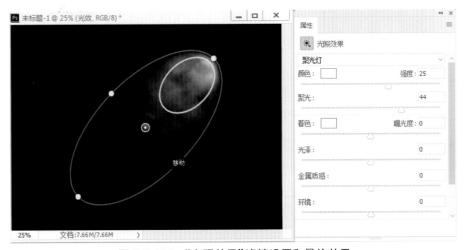

图 5-2-104 "光照效果"滤镜设置和最终效果

（6）在菜单中选择"滤镜"—"渲染"—"镜头光晕"，"镜头光晕"滤镜可用来模拟相机的眩光效果，使用效果如图 5-2-105 所示。

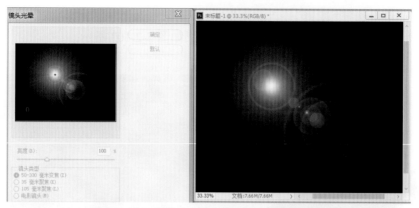

图 5-2-105 "镜头光晕"滤镜设置和最终效果

（7）在菜单中选择"滤镜"—"渲染"—"纤维"，"纤维"滤镜可利用前景色和背景色随机创建纤维的效果，使用效果如图 5-2-106 所示。

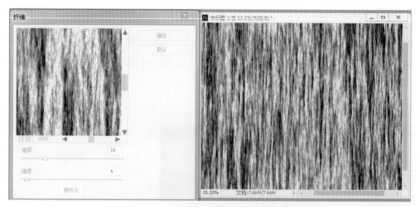

图 5-2-106 "纤维"滤镜设置和最终效果

（8）在菜单中选择"滤镜"—"渲染"—"云彩"，"云彩"滤镜可利用前景色和背景色随机创建云彩的效果，使用效果如图 5-2-107 所示。

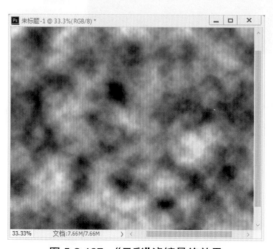

图 5-2-107 "云彩"滤镜最终效果

2.17　杂色

"杂色"滤镜可以添加和移去杂色（带有随机分布色阶的像素），有利于将图像混合到周围的像素中（如图 5-2-108）。

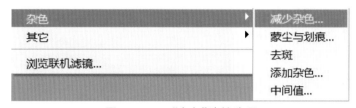

图 5-2-108　"杂色"滤镜选项

（1）打开文件"杂色"（如图 5-2-109），分别使用杂色中不同滤镜进行设置，观察不同的效果。

图 5-2-109　打开文件"杂色"

（2）在菜单中选择"滤镜"—"杂色"—"减少杂色"，"减少杂色"滤镜可在保留图像边缘的同时减少杂色，使用效果如图 5-2-110 所示。

图 5-2-110　"减少杂色"滤镜设置和最终效果

（3）在菜单中选择"滤镜"—"杂色"—"蒙尘与划痕"，"蒙尘与划痕"滤镜可将图像中有缺陷的像素融入周围的像素，使用效果如图 5-2-111 所示。

图 5-2-111 "蒙尘与划痕"滤镜设置和最终效果

（4）在菜单中选择"滤镜"—"杂色"—"去斑"，"去斑"滤镜通过对图像进行轻微的模糊和柔化去除图像中细小斑点与轻微折痕，使用效果如图 5-2-112 所示。

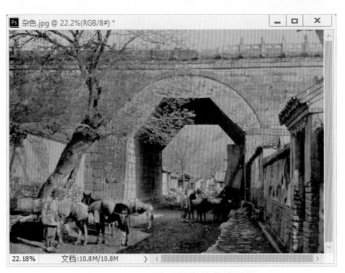

图 5-2-112 "去斑"滤镜最终效果

（5）在菜单中选择"滤镜"—"杂色"—"添加杂色"，"添加杂色"滤镜可向图像随机添加细小的颗粒状像素，使用效果如图 5-2-113 所示。

图 5-2-113　"添加杂色"滤镜设置和最终效果

（6）在菜单中选择"滤镜"—"杂色"—"中间值"，"中间值"滤镜以周围的色彩填充小于设定值大小的杂色，从而消除杂色，使用效果如图 5-2-114 所示。

图 5-2-114　"中间值"滤镜设置和最终效果

2.18　其它

"其它"滤镜中包含一些具有独特效果的滤镜。

（1）打开文件"其它"（如图 5-2-115），分别使用其它中不同滤镜进行设置，观察不同的效果。

图 5-2-115　打开文件"其它"

（2）在菜单中选择"滤镜"—"其它"—" HSB/HSL"，"HSB/HSL"滤镜可对色彩饱和度与浓度进行调整，使用效果如图 5-2-116 所示。

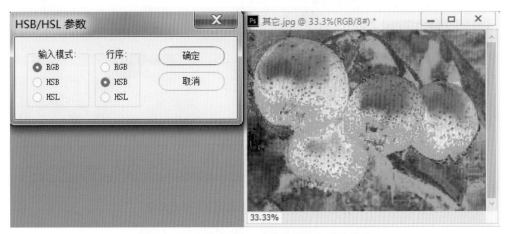

图 5-2-116　"HSB/HSL"滤镜设置和最终效果

（3）在菜单中选择"滤镜"—"其它"—"高反差保留"，"高反差保留"滤镜可在有强烈颜色转变发生的位置保留半径边缘细节，并且不显示图像的其余部分，使用效果如图 5-2-117 所示。

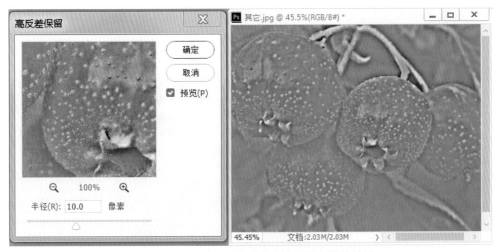

图 5-2-117 "高反差保留"滤镜设置和最终效果

（4）在菜单中选择"滤镜"—"其它"—"位移"，"位移"滤镜可用于偏移图像，使用效果如图 5-2-118 所示。

图 5-2-118 "位移"滤镜设置和最终效果

（5）在菜单中选择"滤镜"—"其它"—"自定义"，"自定义"滤镜对话框中的参数可随制作者的选择而定，根据预定义的数学运算（称为卷积），可以更改图像中每个像素的亮度值，使用效果如图 5-2-119 所示。

图 5-2-119 "自定义"滤镜设置和最终效果

（6）在菜单中选择"滤镜"—"其它"—"最大值"，"最大值"滤镜可放大图像中的明亮部分，减弱黑暗部分，使用效果如图 5-2-120 所示。

图 5-2-120   "最大值"滤镜设置和最终效果

（7）在菜单中选择"滤镜"—"其它"—"最小值"，"最小值"滤镜可放大图像中的黑暗部分，减弱明亮部分，使用效果如图 5-2-121 所示。

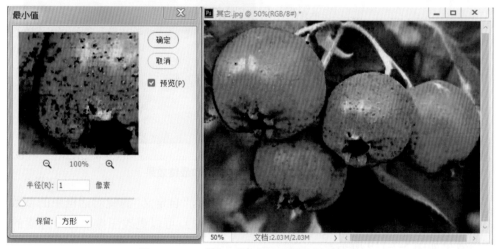

图 5-2-121   "最小值"滤镜设置和最终效果

2.19   画笔描边

在"滤镜库"中还包含"画笔描边""素描""纹理""艺术效果"四种滤镜，下面将一一对其进行介绍。"画笔描边"用于将图像以不同的画笔笔触或油墨效果进行处理，产生类似手绘的图像效果（如图 5-2-122），打开文件"画笔描边"（如图 5-2-123），使用"画笔描边"滤镜进行处理。

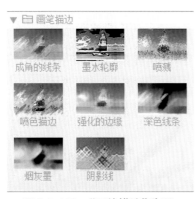

图 5-2-122　"画笔描边"选项

图 5-2-123　打开文件"画笔描边"

（1）在"滤镜库"中选择"画笔描边"—"成角的线条"，"成角的线条"滤镜可产生倾斜成角度的笔锋效果，使用效果如图 5-2-124 所示。

（2）在"滤镜库"中选择"画笔描边"—"墨水轮廓"，"墨水轮廓"滤镜使图像具有用墨水笔勾绘的轮廓，模拟油墨印刷效果，使用效果如图 5-2-125 所示。

图 5-2-124　"成角的线条"滤镜最终效果

图 5-2-125　"墨水轮廓"滤镜最终效果

（3）在"滤镜库"中选择"画笔描边"—"喷溅"，"喷溅"滤镜让图像产生色彩向四周喷溅的效果，使用效果如图 5-2-126 所示。

（4）在"滤镜库"中选择"画笔描边"—"喷色描边"，"喷色描边"滤镜与"喷溅"滤镜效果相似，使用效果如图 5-2-127 所示。

图 5-2-126　"喷溅"滤镜最终效果

图 5-2-127　"喷色描边"滤镜最终效果

（5）在"滤镜库"中选择"画笔描边"—"强化的边缘"，"强化边缘"滤镜可突出不同的颜色边缘并使边缘清晰，使用效果如图 5-2-128 所示。

（6）在"滤镜库"中选择"画笔描边"—"深色线条"，"深色线条"滤镜可用短的黑线条绘制接近黑色的区域，用长的白线条绘制明亮的区域，使用效果如图 5-2-129 所示。

图 5-2-128　"强化的边缘"滤镜最终效果　　　　图 5-2-129　"深色线条"滤镜最终效果

（7）在"滤镜库"中选择"画笔描边"—"烟灰墨"，"烟灰墨"滤镜可模拟油墨在宣纸上绘画的效果，使用效果如图 5-2-130 所示。

（8）在"滤镜库"中选择"画笔描边"—"阴影线"，"阴影线"滤镜可产生十字交叉网格线风格，使用效果如图 5-2-131 所示。

图 5-2-130　"烟灰墨"滤镜最终效果　　　　图 5-2-131　"阴影线"滤镜最终效果

2.20　素描

"素描"滤镜主要用来模拟素描、速写等手工绘制图像的艺术效果，还可以在图像中增加纹理、底纹等产生三维效果（如图 5-2-132），打开文件"素描"（如图 5-2-133），分别使用"画笔描边"中的滤镜进行处理。

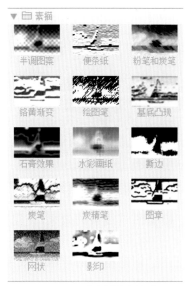

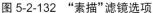

图 5-2-132　"素描"滤镜选项

图 5-2-133　打开文件"素描"

（1）在"滤镜库"中选择"素描"——"半调图案"，"半调图案"滤镜可模拟报纸的印刷效果，使用效果如图 5-2-134 所示。

（2）在"滤镜库"中选择"素描"——"便条纸"，"便条纸"滤镜使图像变成便条纸的图案效果，使用效果如图 5-2-135 所示。

图 5-2-134　"半调图案"滤镜最终效果

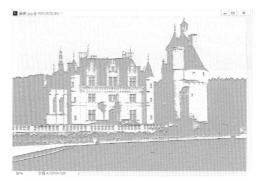

图 5-2-135　"便条纸"滤镜最终效果

（3）在"滤镜库"中选择"素描"——"粉笔和炭笔"，"粉笔和炭笔"滤镜可用前景色在图像上绘制出粗糙的高亮区域，用背景色在图像上绘制出中间色调，使用效果如图 5-2-136 所示。

（4）在"滤镜库"中选择"素描"——"铬黄渐变"，"铬黄渐变"滤镜可产生液态金属的效果，使用效果如图 5-2-137 所示。

图 5-2-136　"粉笔和炭笔"滤镜最终效果

图 5-2-137　"铬黄渐变"滤镜最终效果

（5）在"滤镜库"中选择"素描"—"绘画笔"，"绘画笔"模拟铅笔线条的效果，使用效果如图 5-2-138 所示。

（6）在"滤镜库"中选择"素描"—"基底凸现"，"基底凸现"创建粗糙的浮雕式效果，使用效果如图 5-2-139 所示。

图 5-2-138　"绘画笔"滤镜最终效果

图 5-2-139　"基底凸现"滤镜最终效果

（7）在"滤镜库"中选择"素描"—"石膏效果"，"石膏效果"滤镜可以按三维效果塑造图像，使用前景色与背景色为图像着色，图像中的暗区凸起、亮区凹陷，使用效果如图 5-2-140 所示。

（8）在"滤镜库"中选择"素描"—"水彩画纸"，"水彩画纸"滤镜可模拟在潮湿的纸张上作画效果，使颜色的边缘出现浸润的混合效果，使用效果如图 5-2-141 所示。

图 5-2-140　"石膏效果"滤镜最终效果

图 5-2-141　"水彩画纸"滤镜最终效果

（9）在"滤镜库"中选择"素描"—"撕边"，"撕边"滤镜可产生撕纸的效果，使用效果如图 5-2-142 所示。

（10）在"滤镜库"中选择"素描"—"炭笔"，"炭笔"滤镜可产生手工素描的效果，使用前景色的颜色，使用效果如图 5-2-143 所示。

图 5-2-142　"撕边"滤镜最终效果

图 5-2-143　"炭笔"滤镜最终效果

（11）在"滤镜库"中选择"素描"—"炭精笔"，"炭精笔"滤镜可模拟浓黑和纯白的炭精笔纹理，使用效果如图 5-2-144 所示。

（12）在"滤镜库"中选择"素描"—"图章"，"图章"滤镜可用图像的轮廓制作出雕刻图章的效果，使用效果如图 5-2-145 所示。

图 5-2-144　"炭精笔"滤镜最终效果

图 5-2-145　"图章"滤镜最终效果

（13）在"滤镜库"中选择"素描"—"网状"，"网状"滤镜可模拟胶片的可控收缩和扭曲来创建图像，使用效果如图 5-2-146 所示。

（14）在"滤镜库"中选择"素描"—"影印"，"影印"滤镜可用前景色勾画主要轮廓，其余部分使用背景色，使用效果如图 5-2-147 所示。

图 5-2-146　"网状"滤镜最终效果

图 5-2-147　"影印"滤镜最终效果

2.21　纹理

"纹理"滤镜可以给图像加入各种纹理效果,制作出具有深度感和材质感的效果(如图 5-2-148),打开文件"素描"(如图 5-2-149),分别使用"画笔描边"中的滤镜进行处理。

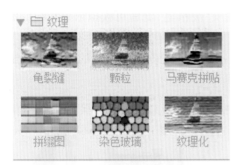

图 5-2-148　"纹理"滤镜选项

图 5-2-149　打开文件"素描"

(1)在"滤镜库"中选择"纹理"—"龟裂缝","龟裂缝"滤镜可随机在图像上生成有浮雕效果的龟裂纹,使用效果如图 5-2-150 所示。

(2)在"滤镜库"中选择"纹理"—"颗粒","颗粒"滤镜可随机加入不规则的颗粒形成颗粒纹理,使用效果如图 5-2-151 所示。

图 5-2-150　"龟裂缝"滤镜最终效果

图 5-2-151　"颗粒"滤镜最终效果

（3）在"滤镜库"中选择"纹理"—"马赛克拼贴"，"马赛克拼贴"滤镜可产生马赛克墙壁的效果，使用效果如图 5-2-152 所示。

（4）在"滤镜库"中选择"纹理"—"拼缀图"，"拼缀图"滤镜可将图像转化成规则排列的方块拼贴画的图像，使用效果如图 5-2-153 所示。

图 5-2-152　"马赛克拼贴"滤镜最终效果

图 5-2-153　"拼缀图"滤镜最终效果

（5）在"滤镜库"中选择"纹理"—"染色玻璃"，"染色玻璃"滤镜可将图像转化成不规则分离的彩色玻璃，使用效果如图 5-2-154 所示。

（6）在"滤镜库"中选择"纹理"—"纹理化"，"纹理化"滤镜可在图像中加入各种纹理，模拟各种材质，使用效果如图 5-2-155 所示。

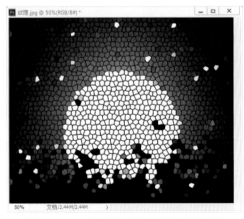

图 5-2-154　"染色玻璃"滤镜最终效果

图 5-2-155　"纹理化"滤镜最终效果

2.22　艺术效果

"艺术效果"滤镜能产生壁画、水彩、彩色铅笔等十多种不同的艺术效果（如图 5-2-156），打开文件"艺术效果"（如图 5-2-157），分别使用"艺术效果"中的滤镜进行处理。

图 5-2-156　"艺术效果"滤镜选项

图 5-2-157　打开文件"艺术效果"

（1）在"滤镜库"中选择"艺术效果"—"壁画"，"壁画"滤镜可为图像添加古代壁画的效果，使用效果如图 5-2-158 所示。

（2）在"滤镜库"中选择"艺术效果"—"彩色铅笔"，"彩色铅笔"滤镜可模拟彩色铅笔绘制的效果，使用效果如图 5-2-159 所示。

图 5-2-158　"壁画"滤镜最终效果

图 5-2-159　"彩色铅笔"滤镜最终效果

（3）在"滤镜库"中选择"艺术效果"—"粗糙蜡笔"，"粗糙蜡笔"滤镜可产生粗糙表面的效果，既带有内置的纹理，又可使用其他文件作为纹理，使用效果如图 5-2-160 所示。

（4）在"滤镜库"中选择"艺术效果"—"底纹效果"，"底纹效果"滤镜可产生具有纹理的图像，产生从背面画出来的效果，使用效果如图 5-2-161 所示。

图 5-2-160　"粗糙蜡笔"滤镜最终效果

图 5-2-161　"底纹效果"滤镜最终效果

（5）在"滤镜库"中选择"艺术效果"—"干画笔"，"干画笔"滤镜可模拟干枯画笔的油画效果，使用效果如图 5-2-162 所示。

（6）在"滤镜库"中选择"艺术效果"—"海报边缘"，"海报边缘"滤镜可减少图像颜色，查找图像边缘并在边缘填入黑色阴影，使用效果如图 5-2-163 所示。

图 5-2-162　"干画笔"滤镜最终效果

图 5-2-163　"海报边缘"滤镜最终效果

（7）在"滤镜库"中选择"艺术效果"—"海绵"，"海绵"滤镜可模拟用海绵扑颜料的画法，产生图像浸湿后颜料被洇开的效果，观察效果如图 5-2-164 所示。

（8）在"滤镜库"中选择"艺术效果"—"绘画涂抹"，"绘画涂抹"滤镜可产生类似于在未干的画布上进行涂抹而形成的模糊效果，观察效果如图 5-2-165 所示。

图 5-2-164　"海绵"滤镜最终效果

图 5-2-165　"绘画涂抹"滤镜最终效果

　　（9）在"滤镜库"中选择"艺术效果"—"胶片颗粒","胶片颗粒"滤镜能够给原图像添加杂色并使像素产生颗粒感,使用效果如图 5-2-166 所示。

　　（10）在"滤镜库"中选择"艺术效果"—"木刻","木刻"滤镜可模拟木刻版画的效果,使用效果如图 5-2-167 所示。

图 5-2-166　"胶片颗粒"滤镜最终效果　　　　图 5-2-167　"木刻"滤镜最终效果

　　（11）在"滤镜库"中选择"艺术效果"—"霓虹灯光","霓虹灯光"滤镜可产生负片图像颜色,有种氖光照射的效果,使用效果如图 5-2-168 所示。

　　（12）在"滤镜库"中选择"艺术效果"—"水彩","水彩"滤镜可简化颜色产生水彩画的效果,使用效果如图 5-2-169 所示。

图 5-2-168　"霓虹灯光"滤镜最终效果　　　　图 5-2-169　"水彩"滤镜最终效果

　　（13）在"滤镜库"中选择"艺术效果"—"塑料包装","塑料包装"滤镜可模拟图像外部包裹一层薄塑料的效果,使用效果如图 5-2-170 所示。

　　（14）在"滤镜库"中选择"艺术效果"—"调色刀","调色刀"滤镜可将相近的颜色融合并减少细节,使用效果如图 5-2-171 所示。

图 5-2-170　"塑料包装"滤镜最终效果

图 5-2-171　"调色刀"滤镜最终效果

（15）在"滤镜库"中选择"艺术效果"—"涂抹棒"，"涂抹棒"滤镜可模拟在纸上涂抹粉笔画或蜡笔画的效果，使用效果如图 5-2-172 所示。

图 5-2-172　"涂抹棒"滤镜最终效果

3　案例操作

滤镜用于对图像进行各种特殊效果的处理，滤镜既可以单独使用实现特效，也可以与其他命令、属性结合使用实现特效，如何利用"滤镜"呈现出一幅完美的作品，就需要大家不断地努力学习，总结经验。

3.1　圣光效果的制作

（1）圣光效果也叫"丁达尔效果"，是指光一束束从树木、建筑物的缝隙中透过来的效果，打开文件"黑屋"（如图 5-3-1）。

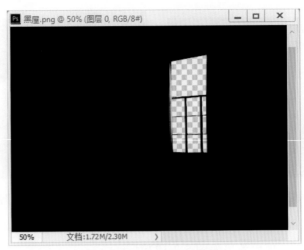

图 5-3-1　打开文件"黑屋"

（2）在"图层"面板单击"创建新图层"，在新建图层中使用"套索工具" 将光照范围选择出来（如图 5-3-2）。

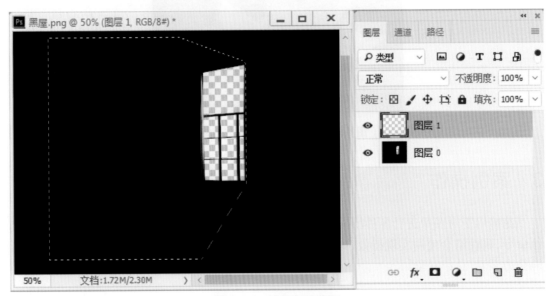

图 5-3-2　选择光照范围

（3）选择一个圆形笔刷，调整画笔预设中的设置，"画笔笔尖形状"选项中选择"尖角30"，"大小"设为"15 像素"（如图 5-3-3）；"形状动态"选项中"大小抖动"设为"38%"（如图 5-3-4）；"散布"选项中"散布"设为"225%"，"数量"设为"2"，"数量抖动"设为"15"（如图 5-3-5）；勾选"平滑"（如图 5-3-6）。

图 5-3-3　"画笔笔尖形状"设置

图 5-3-4　"形状动态"设置

图 5-3-5　"散布"设置

图 5-3-6　勾选"平滑"

（4）在选区内靠近窗户的位置进行绘制（如图 5-3-7），绘制完成，选择菜单中"滤镜"—"模糊"—"径向模糊"命令（如图 5-3-8）。

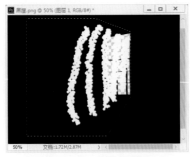

图 5-3-7　进行绘制

图 5-3-8　"径向模糊"选项

（5）在"径向模糊"设置中将"数量"调节为"100"，"模糊方法"设为"缩放"，"品质"设为"最好"（如图 5-3-9），调整"中心模糊"位置，使用效果如图 5-3-10 所示。

图 5-3-9　"径向模糊"设置

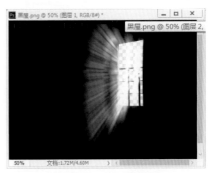

图 5-3-10　观察效果

（6）选择"图层 1"，单击选择菜单"滤镜"—"渲染"—"云彩"（如图 5-3-11），效果如图 5-3-12 所示。

图 5-3-11　"云彩"命令

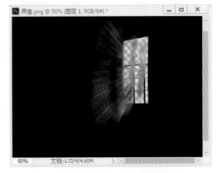

图 5-3-12　观察效果

（7）现在光束的效果十分生硬，重复一次"径向模糊"步骤，为光束添加模糊，选择菜单中"滤镜"—"模糊"—"高斯模糊"，设置"半径"为"3.0"（如图 5-3-13），效果如图 5-3-14 所示。

图 5-3-13 "高斯模糊"设置

图 5-3-14 观察效果

（8）打开文件"树影"，放置在最下层（如图 5-3-15），选择菜单"图层"—"调整"—"曲线"调节"图层 1"亮度（如图 5-3-16），最终效果如图 5-3-17 所示。

图 5-3-15 打开文件"树影"

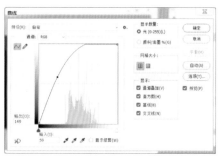

图 5-3-16 曲线

图 5-3-17 最终效果

3.2 人像碎片

（1）打开文件"人像"（如图 5-3-18），使用"快速选择工具" ，将人物选择出来（如图 5-3-19）。

图 5-3-18　打开文件"人像"

图 5-3-19　选择人物

（2）选择菜单"图层"—"新建"—"通过拷贝的图层"命令复制选区（如图 5-3-20），单击"图层"面板下方"创建新图层"，将新建图层命名为"白色"，放在背景图层之上（如图 5-3-21）。

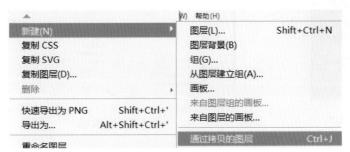

图 5-3-20　"通过拷贝的图层"选项

图 5-3-21　"白色"图层

（3）将"白色"图层使用白色填充（如图 5-3-22），将"图层 1"改名为"1"（如图 5-3-23），对"1"图层进行复制，命名为"2"（如图 5-3-24），再选择菜单"滤镜"—"液化"（如图 5-3-25）对"1"图层进行调整。

图 5-3-22　白色层

图 5-3-23　"1"图层

图 5-3-24　"2"图层

图 5-3-25　"液化"选项

（4）对"液化"属性进行设置，选择"涂抹工具" ，勾选"显示图层"（如图 5-3-26），使用效果如图 5-3-27 所示。

图 5-3-26　设置"液化"属性

图 5-3-27　观察效果

（5）为"1"图层添加"黑色蒙版"，为"2"图层添加"白色蒙版"（如图 5-3-28），使用"爆炸画笔"笔刷，利用两个蒙版对"1"图层和"2"图层反复进行绘制，效果如图 5-3-29 所示。

图 5-3-28　黑色蒙版与白色蒙版

图 5-3-29　观察效果

（6）打开文件"裂痕"（如图 5-3-30），放置在最顶层，调整位置、大小、形状，使之与人像吻合（如图 5-3-31）。

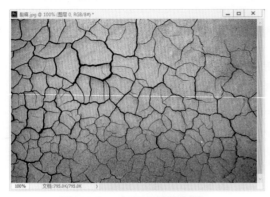

图 5-3-30　打开文件"裂痕"

图 5-3-31　调整"裂痕"图层

（7）将"图层 1"的"混合模式"调节为"柔光"（如图 5-3-32），并使用菜单"图像"—"调整"—"曲线"命令，进一步调节图层之间的混合，效果如图 5-3-33 所示。

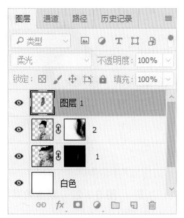

图 5-3-32　"柔光"模式

图 5-3-33　观察效果

（8）使用"橡皮工具" ，将人像眼睛的裂痕擦去，选择菜单"图像"—"调整"—"自然饱和度"进行调节（如图 5-3-34），效果如图 5-3-35 所示。

图 5-3-34　自然饱和度

图 5-3-35　最终效果